高地下水软土地基降排水方案设计及优化研究

蒋 刚 汪 军 王 伟 著

黄河水利出版社
·郑州·

内 容 提 要

在软土地基上进行工程施工中常会进行土方开挖,一般地下水位较高时,往往会引起渗透破坏,故需进行降水或排水设计。本书针对软土地基高地下水情况分析了适用的降排水方法,重点介绍了人工降低地下水位方法及和降排水方案设计的理论计算方法、基于数值模拟法的降排水方案优化;本书采用降排水设计及优化方法对典型工程的井点和管井的降排水方案进行优化研究,可供类似工程设计与施工人员参考。

图书在版编目(CIP)数据

高地下水软土地基降排水方案设计及优化研究/蒋刚,汪军,王伟著. —郑州:黄河水利出版社,2020.8
ISBN 978 - 7 - 5509 - 2800 - 8

Ⅰ.①高…　Ⅱ.①蒋…②汪…③王…　Ⅲ.①软土地基 - 地下水 - 排水 - 方案设计 - 研究　Ⅳ.①TU471

中国版本图书馆 CIP 数据核字(2020)第 173265 号

出　版　社:黄河水利出版社　　　　　　　　　　网址:www.yrcp.com
　　　　地址:河南省郑州市顺河路黄委会综合楼14层　　邮政编码:450003
发行单位:黄河水利出版社
　　　　发行部电话:0371 - 66026940、66020550、66028024、66022620(传真)
　　　　E-mail:hhslcbs@ 126. com
承印单位:广东虎彩云印刷有限公司
开本:787 mm×1 092 mm　　1/16
印张:8.25
字数:150 千字
版次:2020 年 8 月第 1 版　　　　　　　　印次:2020 年 8 月第 1 次印刷
定价:48.00 元

前　言

软土地基上进行工程施工中常会开挖土方,对于软土地基,一般地下水位较高,往往会引起渗透破坏,故需进行降水或排水设计。有关降排水问题许多学者做了大量的研究,并取得了很多卓有成效的成果。

本书共 6 章,针对软土地基高地下水情况降排水方法进行了介绍,阐述了人工降低地下水位方法及其降排水方案设计的理论计算方法、基于数值模拟法的降排水方案优化,并采用工程实例对高地下水降排水方案的设计和优化进行系统的说明,该成果可为工程施工提供理论依据。

第 1 章提出了降排水研究的意义、国内外研究现状及本书主要工作。

第 2 章对工程降排水设计常用的规范设计方法进行论述,给出了排水量的计算,降排水设备的选择、降排水系统的布置及降排水费用的计算,并给出了工程案例。

第 3 章对涉及降排水的数值模拟理论方法进行了论述,包括渗流场计算微分方程、有限元方程及定解条件、有自由面渗流问题固定网格求解的结点虚流量法、采用达西渗流量计算的“等效结点流量法”来计算渗流量等。采用工程案例,对比分析了有限元计算结果和抽水试验结果,二者规律一致,满足工程计算的精度要求,验证了数值模拟技术合理性。

第 4、5 章针对典型工程,运用本书提出的方法和理论,对其降排水方案进行设计并进一步优化。

第 6 章对全书内容进行了总结。

本书由蒋刚、汪军、王伟共同撰写。其中,第 1、2 章由蒋刚撰写,第 3 章由汪军撰写,第 4 章由汪军、蒋刚撰写,第 5、6 章由王伟撰写,全书由蒋刚负责统稿和审定,本书的编写得到了华北水利水电大学郭利霞副教授的指导,对她表示感谢!

由于水平所限,本书尚存在不妥和需要进一步改进之处,尚祈工程界的同仁不吝赐教。

作　者
2020 年 6 月

目　录

第 1 章　绪　论

1.1　研究背景和意义

1.1.1　研究背景

在基坑施工中,地下水问题长期困扰着广大学者和施工人员,已经成为工程施工中的一大障碍。在某些地下水位较高的区域,土方开挖导致含水层断裂,由于压力差的作用,基坑中必然会流入大量地下水。若不及时进行降排水工作,基坑的持续渗水将造成现场施工条件变差及地基承载力下降,甚至还会引起管涌、流砂和边坡失稳等险情。在暗挖段较多且降水不到位的基础工程中,侧壁滞留水很可能直接影响暗挖施工的进度和安全;而对于支护结构与主体结构之间没有肥槽和有效防水材料的明挖段,降水效果的要求同样较严格。深基坑施工和其他开挖工程有所不同。一方面,基础工程大多在地下水位以下,点多、面广且工期长;另一方面,绝大部分基础施工位于繁华地带,务必要考虑周边高楼林立、地下管线密集的影响;施工中必须处理好与用地、交通的关系,密切关注周围建(构)筑物和道路沉降量,同时保证地下各类管线的安全。另外,对于降水面积较大、时间较长的工程,还要系统分析其对地下水资源和周围环境的影响,制订有效的防治预案。因此,深基坑工程降水是一个与工程质量、进度、安全密切相关的系统工程,降水效果好坏对基坑施工安全关系重大,需认真对待并采取有效的降排水措施。

软土的一个显著特性是抗剪强度较低,这是软土地区基坑工程其边坡自我稳定性能不强的一个重要原因,因此软土地区基坑工程对支护体系提出了更高的荷载要求,需要软土基坑采用较普通区域基坑工程更为牢固的支护结构。一般来说,实际水利、土木工程中基坑工程的底板高程大多数情况下是低于当地地下水位的,因此,在基坑工程施工中会采用各种降水措施,用来确保基坑施工过程处于一个安全的地下水位条件下。如果在基坑工程施工的地下水不能很好地处理,不仅会造成基坑机构的渗透破坏,还会导致坑内大量积水,从而对基坑的结构稳定造成严重的威胁。据统计,已有的重大基坑工程环境、安全事故案例,都是软土地区基坑工程。

流砂、管涌和基坑底的突涌等问题是基坑工程施工过程中地下水常见的几种危害形式。

(1)流砂:流砂是地下水充满松散颗粒土壤后,由于动水压力作用下产生水头差,水压力使得松散土壤颗粒发生悬浮流动的一种现象。粉、细砂等砂土由于其颗粒级配均匀,在动水压力作用下很容易产生流砂。土壤颗粒在动水流的带动下从近似管状通道中流走是其直接的表现形式,流砂会造成基础发生滑移、不均匀下沉、基坑坍塌、基础悬浮等一系列严重后果。突发性是流砂的一个显著特征,是工程的一大隐患。

(2)管涌:一定渗透速度的水流可以将地基土壤中的细小颗粒带走,造成土壤中空隙逐渐增大,进而发展成细管状渗流通道,通道会逐步贯穿地基最终淘空地基或坝体建筑物,造成地基或坝体的失稳和变形。

(3)基坑底的突涌:有承压水存在的情况下,当流砂和管涌出现时,含水层上方不透水层厚度减小,不透水层厚度减小到一定值的时候,不透水层厚度下方的承压水在压力的作用下能破坏甚至冲毁基坑底板,从而造成突涌。突涌主要出现方式有:①基底破坏裂开,基底出现裂缝,地下水从这些产生的网状或树状裂缝中涌出,同时冲出下方的土壤颗粒;②基坑底部发生流砂现象,从而造成边坡失稳和整个地基悬浮流动;③基底发生类似于"沸腾"的喷水现象,使基坑积水,地基土扰动。

基坑降排水是实际工程施工过程中减少地下工程或开挖工程时出现的地下水渗透破坏的一种有效的解决方案,工程中常用的有明排法、人工降低地下水方法和堵截法。降排水方法的合理选择以及工程量的正确计算是制订降水方案的重点问题。实际工程中降水方法的选择比较容易掌握,但是降水工程量的优化设计与配置研究较少,这是一个重要的工程问题,涉及工程量和工程投资,有必要进行研究。

1.1.2　研究意义

基坑降水过程中,常出现突涌、管涌、流砂、流土、潜蚀和边坡失稳等现象,对工程环境带来极不利的影响。实践证明,科学地按照规范和施工方案及时进行降水工作,基本上可杜绝险情的发生。而降水过程中,排水量高达 2 000 m³,解决了很多棘手的难题。20 世纪 90 年代末期,在社会各界积累大量实践经验的基础上,基坑降水技术有了新的突破,比如自渗降水法的成功应用、工程降水施工指南及法规的制定等。

1.2　国内外研究现状

近年来,大型基坑工程的设计和施工在水利工程以及其他建筑行业中占有极大的一部分。无论是水利基坑还是建筑基坑,深基础工程的设计和施工是一个融岩土工程、结构工程、工程施工、工程管理的系统工程,是建筑、水利行业科技进步和发展的标志之一。基坑工程是一门在工程实践中不断提高和发展的且对经验要求极高的实用性学科。最近二十年来大量的基坑工程设计与施工案例,促进了我国基坑工程的发展,基坑工程领域的工程技术理论和实际施工经验得到了深厚的积累。不仅有大量成功的工程实践经验,也有不少失利的工程案例,不论成功与否,都给我们带来了许多亟待解决的问题。工程基坑开挖施工时,会切断土壤包气带或承压水含水层,这就给含水层中的水顺利渗入基坑内提供了机会,产生基坑降水方面的问题。如何控制好地下水,减小其对基坑开挖和周围环境的负面影响已成为深基坑开挖与支护工程中一个十分重要的研究问题,在现代城市高层建筑以及水利枢纽建设领域中控制地下水位确保基坑施工安全也是一个重要的岩土工程问题。能否成功地实现基坑降水,在很大程度上决定着工程的进度,也在很大程度上影响着施工人员的生命安全,含水层中水问题的处理好坏,是决定基坑工程能否安全、顺利的完成施工任务的一个重要影响因素,是深基础地下建筑物施工过程中一个解决难度较大的重要施工环节,如果基坑降水措施失去作用,可影响工程施工进度、延长工程的工期、造成工程投资的增加,甚至使基坑失效和产生人员伤亡。因此,必须对基坑降水给予高度重视。虽然在工程中越来越重视基坑降水问题,但由基坑中地下水引发的工程事故也经常发生。如天津无缝钢管总厂某基坑工程事故,由于没有采取有效的基坑降水,当基坑开挖完毕,发现设备桩和支护桩均向基坑方向位移、倾斜,而且不断增大,基坑边坡出现裂缝,支护桩位移 800 ~ 1 200 mm,主基坑中的工程桩位移超过 400 mm 的占 78.5%,位移超过 600 mm 的占 42.8%。根据国家规范的规定,截面边长的 50% 为桩的最大允许偏移量,该工程位移量超出国家规范允许值的桩占总桩数的 90%,这在现有的基坑工程是很少发生的;南京基坑工程,基坑工程深 6.3 m,降水失败导致支护桩顶端位移达 36 cm,底部达 18 cm,引发周围地面沉降;上海重型机器厂某基坑工程,弃土堆放不合理,同时临时取消了二级井点,造成了土坡滑动,使得钢板桩产生 1.5 m 的位移,不但基坑边缘下沉而且厂房桩基发生位移和倾斜。可见,降水措施是基坑工程安全施工中不可缺失的一部分。有效的降水处理可以将渗水在基坑坡面及基底处实现截留目的;增强稳定性以及防止土壤颗粒流失;减少基坑板桩支护和支撑结构所受的压力;改善基坑和回填土的砂土物理特性;防止基底的隆起与破坏。

与其他工程技术类似,降水工程同经济建设一起发展。经济建设的发展,带动地下工程的发展,地下工程基坑开挖深度与规模日益增大,地下水的排泄是一个不可避免的问题。各式各类的降水技术,不断地在实际工程中应用和改进。与国民经济的发展建设同步,降水技术从最初的集水坑降水到目前的井点降水。伦敦伯明翰铁路中的 Kilsby 隧道所采用的竖井降水是近代历史资料记载的第一个降水实例。第一次在工程中使用深井降水措施的是 17 世纪建造柏林地铁,底部开口的有套管的深井抽水技术首次在埃斯纳(Esna)堰修建时采用,井点降水方法于 20 世纪初期在美国就开始应用,其他国家从 20 世纪 50 年代也纷纷开始将其引入基坑工程中。我国最早是在 1950 年有关于井点降水的研究,1952 年将其用于实际工程。上海普陀区武宁路桥工程首次解决了上海淤泥质粉质黏土或粉细砂等地层的排水问题。20 世纪 60 年代开始喷射井点降水技术的研究;20 世纪 70 年代水射泵井点和隔膜泵井点在小型工程中得到了应用和发展;另外一些工程中应用电渗降水也取得成效;20 世纪 90 年代中国地质大学(北京)研制成功同心式喷射井点,在首都机场扩建工程应用成功。

近几十年来我国降水技术跃上了一个新的平台。井点降水在技术和设备上都有较大的发展与改进,基于喷射技术原理的喷射井点技术,对于降水深度大、透水性差的黏土地层的排水有着很好的效果;砂(砾)井自渗排除上层滞水的应用,深基坑降水的成功以及因受施工现场条件等限制而发展起来的辐射井和水平集水管降水等大大提高了我国降水技术水平。近年来,深井真空降水法在像上海这样的南方城市得以大范围地应用,渗透性差土层排水问题得到了很好的解决,产生了巨大的经济效益和社会效益。

目前真空深井降水类型有:①深井泵＋真空泵;②潜水泵＋真空泵;③喷射器置入深井。均在现有工程中广泛采用,潜水泵＋真空泵系统凭借设备简单经济的优势应用最为广泛。对于真空深井降水的理论研究相对较少,在实际工程应用中也不多,主要根据专家工程经验来进行设计。我国已建的工程中,其井点降水深度148 m为最大,很好地解决了困扰竖井工程的流砂问题,应用于降水面积多达20 000 m²的超大工程建设以及20多m的基坑。

已有的基坑工程,针对降水而专门进行的岩土地质勘察与专门试验严重不足,甚至不能准确知道各含水层的水位状况,以及基坑深度内的地下水位的动态资料、其补给和排泄情况以及含水层的一些水文地质参数。往往只考虑经验,而在实际情况了解不充分的情况下就开始设计施工,没有充分考虑在工程施工中采用科学合理的降水措施,上述因素往往会给工程造成损失和延误降水工程工期。在工程中仅仅依靠一个假定情况就开始降水设计,设计中只考虑一些渗透系数、影响半径、导压系数等经验参数。这样得到的降水设计方案,造成设计时过分偏向安全,使设计工程量比实际大很多;或者设计与实际相差太大,虽然工程量会比实际少许多,但是降水满足不了工程要求,最后导致工程量索赔,造成不必要的延误工时浪费。例如,地处胶州湾的青岛污水处理厂降水工程,在降水设计时渗透系数选1.23 m/h而不是实际的9.67 m/h,来进行管井降水设计,导致了海水倒灌进入基坑中,地下水位远远不能满足工程实际施工要求,最后只能增加黏土防渗墙解决海水倒灌问题,才使得地下水位达到工程实际施工要求。

降水方法的科学选取以及各项工程量的精确确定是降水方案制订的两个重要问题。实际工程中降水技术方案方法容易掌握和选取。但是降水工程量的配置的优化设计没有得到足够的重视。水位预测计算在一些较小规模的降水工程的降水设计中受方法的限制考虑较少,而水位预测不能很好地反映各点在施工现场的水位,只能反映现场的个别特征点,这些点主要集中在基坑中心区。降水水位影响范围以及环境影响范围在现有的研究中很少考虑。苏景中在进行武汉软土地区研究时,为了研究基坑降水周边地面沉降规律,对影响地带进行了划分,分别区划为明显影响、稍有影响和微小影响三个地带。降水是为了确保地下水位高于基坑开挖高程且地下水充足的基坑能安全顺利施工。降水所采用的工艺、管井中的过滤结构不合理,会造成降水达不到预期效果,会对工程造成不利后果。

降水工程中井管上浮、孔口排水量不大、井孔偏位、地下水位不能有效降低、井管破坏以及井壁垮塌等是最为常见的问题。重视成孔质量、提高降水设计的科学性、确保洗井质量是解决的办法。

伴随着众多工程的建设,基坑降排水设计中的重要理论依据是渗流力学。作为许多边缘学科的渗流力学得以最先发展,它不但是岩土力学和水力学必不可少的重要组成内容,也是地下水资源开发利用、农田水利工程、灌溉排水工程、工程水文地质、地下水文学、水利水电工程结构以及石油开采等学科中的重要组成内容。国际学术界和工程界在 20 世纪就已经开始对渗流力学给予充分的重视,在众多相关学科的发展变化中和实际工程生产中碰到了更为复杂的地下水渗流问题,渗流力学已经发展成为了一门具有理论、方法独立和相应应用范围的一门学科。19 世纪中期,法国工程师 Henry Darcy 基于大量的试验研究提出了多孔介质渗流基本定律——达西线性渗透定律,这成为后来渗流理论科学的坚实基础,使得相关理论及在工程实际中的应用与研究得以飞速地进步。J. Dupuit 研究了基于试验数据的地下水一维稳定运动规律和水井的二维稳定运动规律,在 1886 年得到了达西定律。渗流的微分方程于 1889 年由 H. E. 茹可夫斯基首次提出,其运动状态主要是因为不包括时间变量,所以主要用来描述地下水所能达到的一种暂时的、相对的平衡状态。C. 列宾逊、M. 麦斯盖特等学者是这一阶段的主要代表人物,他们建立了以研究水井渗流问题为特征的古典水动力学渗流理论,这种理论基于一般的有关连续介质力学的概念。早在 20 世纪初期的时候,与一般的热传导方程类似的地下水非稳定流的偏微分方程式就由 J. Boussinesq 推导出来了,该微分方程的推导标志着水动力学方法研究时代的到来。以后的研究者诸如 O. E. Meinzer(1928)、C. V Theis(1935)、Jacob(1904)等分别研究了承压水层的储水性质以及地下水运动的非稳定性;承压水井流动时的非稳定流公式也在此基础上得以提出和推导;地下水运动理论借鉴热传导理论的思想和基础,地下水渗流运动通用微分方程得以局部建立,越发成熟和进步;1946 年苏联学者 N. H. 斯特里热夫提出了较为完整的弹性渗流理论和弹塑性渗流理论，第一次定性地描述了液体在可压缩地层中渗流理论的物理基础，阐明了地下水在含水层地应力影响下的流动特性，并在此基础上说明了岩土介质孔隙度和渗透率的降低、岩土骨架不可逆等基本性质。在基于解析方法求解的非稳定流的 Theis 公式基础上，建立了潜水层和地下水越流理论的一系列非稳定流理论。

苏联学者 H. H. 巴甫洛甫斯基（H. H. павдовский）在 1922 年时给出了用于求解渗流场的电拟法，电拟法能有效地解决相对复杂的渗流问题。最开始，大多数人都是采用导电液模型来进行电拟法的试验，由于其局限性，它适应不了复杂的地质和边界条件，也不能对非均质各向异性渗透介质进行模拟。鉴于此，基于变分原理的电网络法得以发展并被用来解决更为复杂的渗流问题，使电拟法得到有效的改进。

基于有限元思想的差分法、有限单元法等，采用数学方法结合现代计算机科学技术，广泛应用于在工程中的渗流模拟、计算和分析。

1.2.1 工程降水的发展历史

20 世纪初，英国在基尔期比铁路隧道工程建设中成功应用竖井抽水技术，这是世界上首个有记载的工程降水案例。工程降水经历了近百余年的技术变革，最原始的竖井慢慢进化为深井。1920 年左右，人们开始普遍采用双阀式和自冲式井点降水方式，后期逐渐被四至五层井点系统替代。在喷射井点问世后，各类降水技术百花齐放，在同一工程中常出现井点系统、深井、喷射井交叉使用的局面。日本的工程降水技术得到快速的发展，在某铸铁厂地基加固工程中，万余眼井点和数百台抽水设备同时工作，场面令人叹为观止。我国于 1953 年开始在工程施工中运用降水技术，当时在基础建设和重大工程项目中，井点和喷射井点降水技术被广泛应用，同时给国民经济带来了良好的效益。接下来的几年，我国沿海一带又成功研发了管井降水技术，特别是在广州、上海、天津等一线城市，管井降水得到了良好的应用。到 20 世纪 60 年代，降水技术犹如雨后春笋，许多新的技术接连问世，比如轻型井点降水法、电渗法降水等。在一些大型厂房建设、水利工程、隧道工程和大量深基坑工程中，各类降水技术都取得不错的降水效果，同时多种降水技术的综合应用能力得到了显著的提高。20 世纪 80 年代后期,城市高层建筑的深基坑领域使用较为先进的降水技术,最大水位降深 150 m 以上,内外迅速发展起来;轻型井点降水方法得到广泛的应用和推广,同时,其理论与施工技术的发展也有一个质的飞跃。21 世纪以来,国内许多专家学者和机构开始对轻型井点降水方法进行深入的探索,可见,轻型井点降水方法对工程建设的重要性也在日益提高。付礼英、陈东宏在公社间聚站基坑施工中,采用了浅层轻型井点和深层喷射井点交叉使用的技术,根据水文地质条件,设计了可行的降水方案并对井点系统进行了计算。针对轻型井点降水设备匮乏和落后现象,宁晋生、朱淑兰等在细致调查了国际上先进设备后,提出了超轻型井点降水新技术。

在北京地铁天安门东站至王府井站区间隧道工程建设中,卓越以隧道洞内轻型井点为研究对象,分析了降水对地表下沉和隧道结构的影响,并经过大量现场试验及监测数据分析,绘制了反映降水量及沉降量与时间关系的 $Q—t$、$S—t$ 曲线图。北京至张家口高速公路上的官厅湖大桥现已建成通车,相关的具体案例也阐述了多级轻型井点降水方案设计,并对施工过程做了具体分析。

1.2.2　工程降水理论的革新进程

在历史的长河中,人类一直利用地下水进行生活、作业,但对地下水运动规律的认识却很缓慢。一方面,社会生产发展水平满足不了人们的物质需求;另一方面,地下水是不断运动的,其复杂的运动规律给人们带来了巨大的困惑。在 19 世纪前,有关地下水科学的定量计算还不被人们所熟悉。19 世纪中期,人类对地下水开发利用有了更大的追求,工程建设中逐渐需要进行井点涌水量的计算;1852~1855 年,法国工程师达西(Herry Darcy)通过长期饱和砂的试验研究,发现了水在多孔介质中的渗透定律,最终于 1856 年总结得到著名的 Darcy 定律。Darcy 定律在研究地下水运动中有着举足轻重的地位,它既是地下水运动定量认识的开端,又是地下水运动理论的基础。1863 年,在Darcy 定律的前提下,J. Dupuit 对向水井的一维及二维稳定运动展开了细致的研究;接着,P. Eorchheimer 等学者对渗流问题进行了较为深入的探索,使得地下水稳定流理论更加成熟与完善。

此后数十年里,它不仅为后人研究渗流理论提供了有价值的参考,对生产实践也有着指导性作用和重要意义。但这种理论不包括时间变量,它不能反映动态地下水的实际变化,具有一定的局限性。

　　泰斯(C. V. Theis)于 1935 年在前人基础上提出了地下水向承压水井的非稳定流公式,泰斯公式开拓了当代地下水运动理论的先河。后来许多学者进一步发展了非稳定流理论,为解决实际生产中遇到的一些更为复杂的问题提供了帮助。从叠加原理出发,泰斯公式可以解决群井抽水条件下的绝大多数问题。20 世纪 80 年代末,李佩成教授提出了"隔离异法"的概念,在相同工作条件下,均匀布置群井抽水时,隔离井与群井抽水具有同样的作用,它们在某一点产生的水位降深是相同的。这样一来,群井抽水的有关计算将更为简便,其水位降深可转化为隔离井求得;在降水工程中,地下水动力学的应用也将越来越广泛。总的来说,从达西定律出现到 20 世纪 50 年代初期,仅试验法和解析法被广泛运用,而且只能解决某些条件比较简单的问题。50 年代至今,计算机的问世给地下水动力学带来了一种全新的计算方式(数值方法),同时渗流基本理论也得到进一步完善。这些新的研究方法和成熟的理论结果,解决了许多过去令人困惑的地下水运动难题。现今,泰斯公式可以解决井点降水工程中大多数计算问题,比如涌水量等。

1.2.3　工程降水计算方法研究现状

　　工程降水计算的主要计算方法有以下几种。

1.2.3.1　解析法

　　解析法是通过对偏微分方程的积分,紧接着将边界条件代入,最后求解一个能反映水头变化规律的数学表达式。所求的解析解是一个能满足基本偏微分方程和边界条件的函数表达式,而且还能反映其与水头变化的关系。解析解相对而言实用性比较差,它仅在性质简单的偏微分方程和边界条件规则的基础上才可以求得精确解。现阶段,若要求得渗流问题的解析解,理想边界条件是一个必不可少的前提。

1.2.3.2　有限单元法

　　有限单元法以极值原理为基础,从而实现求解偏微分方程和求极值之间的转化。利用有限单元法进行水文地质相关计算,是把求解区域分割成若干个单元,然后在曲面上通过单元函数或平面总体函数取极值,进而求解关于地下水运动物理量的总体函数。有限单元法同时具备变分法的优点和差分法的灵活性,是一种最为有效的数值计算方法。

1.2.3.3　有限差分法

有限差分法是通过节点与数学的相互转换,在把渗流场划分为若干个线段或单元后,用节点上的差分代替数学点上的微分,用渗流场内的差分方程代替微分方程,从而利用差分求解由若干个差分方程所组成的线性方程组。有限差分法的原理易掌握,公式比较简单;求解结果为数值解,精确且可靠。但此方法只能适用于规则的差分网格,在各向异性介质且边界复杂的情况下,模拟尚存在相当大难度。

1.2.3.4　边界单元法

边界单元法也是一种有效的数值解法,它把求解域边界划分成有限个单元,从而利用边界积分方程解决区域定解的问题。对于解决无限或半无限渗透介质的渗流问题,算式较为精确,计算任务繁重,同时要求计算机拥有较大内存,在三维非均质渗透介质中,应用较为困难。

在当前工程降水计算中,因水文地质条件、井点类型、降水方案等对计算公式的要求较高,解析法得到普遍应用和推广。但在边界条件相对复杂的情况下,解析解很难获得确切的结果,由于数值解法的精度和效率都相对较高,深受广大止体中的水头降及土的可压缩性必然会引起由水位降低产生的沉降,如不及时有效处理,就会给环境带来恶劣影响。轻型井点降水法适用于较多地层且效果较好,在基坑工程降水中备受青睐;因此,研究轻型井点降水技术在基坑工程中的应用具有重大的意义。

轻型井点降水技术的研究意义概括如下:

(1)掌握轻型井点降水法的原理及适用范围,熟悉轻型井点降水技术的工艺特点,尽可能避免因盲目施工造成不必要的损失。

(2)通过工程案例对轻型井点降水的一些尚未解决的问题进行深入研究,发现并解决一些实际工程应用问题;把握好降水量、降水深度与时间的关系,合理安排施工顺序,最大限度地减小降水对工期的影响。

(3)进一步研究轻型井点降水理论,在细致分析监测数据的基础上,充分了解轻型井点对周边建(构)筑物及道路沉降的影响,并将最新结论应用于其他类似的降水方法。

1.2.4　工程降水对环境的影响现状

基坑降水期间,地下水的水位通过抽排方式降低至工程施工的设计深度,保证了土方开挖的作业环境和工期要求,提高了边坡的稳定性,同时保障了基坑底板的安全。相反,倘若地下水不妥善解决,基坑工程施工将会遇到许多问题。近几年,国内大小基坑事故频发,在对 130 余起基坑事故调查的基础上,唐业清分析并统计事故发生的原因,发现有超过 20% 的事故是由地下水处理不当造成的。深基坑开挖与支护研讨会于 1996 年 10 月在安徽省黄山市召开,所有的专家学者都认为地下水是导致基坑事故发生的"头号凶手"。可见,人们日益关注的地下水治理问题,已然成为基坑施工中需要解决的首要任务。基坑降水过程中,通过抽取大量地下水降低水位,目的是使土方开挖在无水环境下工作,同时提高基坑底板与边坡的稳定性。如果不能把地下水控制在适当水位,常引起流砂、管涌、基坑坍塌、地面沉降等事故,许多类似工程案例历历在目,在此不再一一叙述。地下水治理不当容易造成工程事故,主要原因有以下几个方面:

(1)土方开挖期间,基坑壁内外侧的水头差随着基坑排水不断增大,同时地下水渗透力增强,基坑内离水位较近区域产生管涌。

(2)降水井未能按规范合理安装过滤器,大量土壤颗粒伴随地下水一并流失,在局部土体严重缺止时,上部土层发生坍塌或开裂。

(3)支护结构不合理,止体防渗性差,基坑外土体流失。

(4)由于承压水的存在,在止体和水头压力差的作用下,比较容易产生流砂、突涌、流土等险情。

(5)地下水性质改变,常见的海水入侵导致淡水资源咸化就是一个例子。

1.3　研究内容

工程规模正在日益增大,在基坑工程尤其是软土地基工程施工过程中,施工优化已经成为基坑施工中的一个重要环节,而其中降排水方案的设计和优化更加重要。本书的研究工作主要针对软土地基的基坑降水方案进行研究,以典型实际工程为例,进行方案的优化,研究工作分为以下 3 个阶段:

(1)渗流场分析多用于水工建筑物如坝、闸结构稳定计算中。鉴于软土基坑工程水文地质条件的复杂性,基坑渗透特性及边界条件也是十分复杂的,从非稳定流微分方程出发,根据选定的数值方法,对降排水过程的特征参数进行计算,为进一步的降排水方案设计提供理论依据。

(2)结合相关规范、文献和技术规程,对该工程可用降排水方案进行对比分析,采用理论分析的方法对渠道降排水方案进行设计,选定适合该工程的降排水方案,包括水泵的配置及工程布置、排水费用计算等。

(3)选取典型工程进行轻型井点排水设计,并对井点和管井降排水方案进行有限元分析,研究了浸润线和管井出水量规律,并设计对比方案进行优化设计。

第 2 章 高地下水软土基坑降排水方案设计

2.1 渠道降水方法及施工工艺

2.1.1 渠道降水方法

工程降水应该根据工程的实际情况,比如土质状况、周围环境等,在工程施工时,需要根据工程实际情况选择合适的降水方法,既可以减少工程的造价,也可以保证工程安全有效的施工。通常情况下基坑地下水控制的有效措施有降低地下水位或堵截地下水的方法。常用的降水方法主要有集水明排法和井点降水法两大类。

2.1.1.1 集水明排法

集水明排法通常情况下指在基坑基底开挖出横向或纵向的排水沟渠,通过排水沟渠将水利用水泵等设备将截留下来的地下水从集水井中不断抽到基坑外,从而提供一个相对干燥的施工环境的一种降水方法。基坑开挖是逐层开挖的一个过程,随着开挖面的推进,每一层新开挖的土层都需要重新布设集水沟和集水井。该方法因为要开挖沟渠,并且沟渠一般是自然边坡,故适用于土层较密实,坑壁较稳定的基坑。另外,排水沟受基底施工作业面影响,适用于开挖深度相对较浅,含水层较薄,对地下水控制高程需求不高的降水工程。因此,集水明排法大多数情况下主要应用于地下水补给离施工区域较远,且含水层为埋深较浅的潜水施工环境,地下水出水量不大的基坑降水工程中。

2.1.1.2 井点降水法

对于不宜采用集水明排的地质环境,例如基坑坑壁底层为松散粉细砂很容易发生管涌破坏基坑壁,地下水位高程比较大,土层质地以粉土、砂砾或卵石为主,此时的土层透水性比较大,因而含水层的排水量也会偏大,此时应该选取井点降水法,它能起到克服流砂及稳定边坡的作用。

井点降水法是目前应用最广泛的降水方法,它是指在基坑基顶或基底周围埋设井点或管井,内部配置合适的潜水泵或其他类型的水泵进行地下水的抽排,形成一定的地下水降深漏斗,使基坑范围内的地下水位降至控制水位以下。井点降水方法适用范围比较广泛,比如各种不同、不规则形状的基坑和不同的土质土层。目前常用的井点降水方法有喷射井点降水、轻型井点降水、管井井点降水、电渗井点降水及引渗井点降水等方法,其适用性见表2-1。

表 2-1　井点降水方法适用性

井点类型	土层渗透系数 (cm/s)	降低水位深度 (m)	适用土层种类
单级轻型井点	$10^{-3} \sim 10^{-6}$	$3 \sim 6$	粉砂、砂质粉土、黏质粉土、含薄层粉砂层的粉质黏土
多级轻型井点	$10^{-3} \sim 10^{-6}$	$6 \sim 9$ (由井点级数确定)	粉砂、砂质粉土、黏质粉土、含薄层粉砂层的粉质黏土
喷射井点	$10^{-3} \sim 10^{-6}$	$8 \sim 12$	粉砂、砂质粉土、黏质粉土、粉质黏土、含薄层粉砂层的淤泥质粉质黏土
深井井点	$\geqslant 10^{-4}$	$\geqslant 5$ 或降低深部地层承压水头	各种砂土、砂质粉土
真空深井井点	$10^{-3} \sim 10^{-7}$	$\geqslant 5$	各种砂土、砂质粉土
电渗井点	$\leqslant 10^{-6}$	根据阴极井点确定	淤泥质粉质黏土、淤泥质黏土
管井井点	$\geqslant 10^{-4}$	$3 \sim 5$	各种砂土、砂质粉土

1. 轻型井点降水

轻型井点降水是国内外使用最为普遍的一种降水方法,其原理是利用真空作用抽水,相比于其他的降水方法,其施工工艺较简便、安全且使用成本低廉。井点降水采用 6~8 m 的井点,特别是插入在薄层粉砂的粉质黏土、砂质粉土、黏质粉土等渗透系数较小的地层,由于井点长度有限,降水深度也有限,一般适用于来水量较小的底板降水工程。只采用一层轻型井点的降水方法主要用于水位降深不超过 6 m 的降水工程,多层分布的井点适用深度较大,一般适用 6 ~ 20 m 的工程。另外,井点连接起来由管路连接真空泵抽水,线路的布设对施工干扰较大,在较长的抽水过程中对供电和抽水设备的要求较高,抽水期间不能间断,尤其是降水初期,一旦开始抽水就不能中间间歇式抽水,否则会导致井点管的滤网阻塞。

2. 喷射井点降水

喷射井点也是在基底布设井点,但井点管内装有抽水装置的高压水泵以及喷射器等组成的一个抽水系统。多用于降水深度较大的基坑,一般为 8 ~ 20 m,含水层渗透系数较小为 0.1 ~ 20 m/d 的降水工程,适用的土质主要是砂质粉土、粉质黏土、黏质粉土和粉细砂等含细颗粒的土层含水层。此类型的井点与轻型井点非常相似,井管直径小、长度短,出水量小,但是此方法的抽水效果比轻型井点强,同样地因为成井工艺要求高,地面管网铺设复杂,工作效率较低,运转过程要求管理较严格,施工造价较高。

3. 引渗井点降水

引渗井点降水是通过引渗井,把土体内部的水引渗至基坑底部以下强导水层中,如果基坑降水范围内存在多层含水层,并且各含水层之间有相对隔水层,并且下层的含水层渗透系数要大于上层含水层的渗透系数,可以通过引渗井点将上层地下水引入到下层地下水中,这就要求上层水质未受污染,在下层水位(或水头)低于基坑施工要求降水深度的条件下,人为地使上下含水层贯通,即在水位差作用下,上部含水层中的水就会自动流至下部含水层中,从而达到利用自然重力作用实现自动降低地下水位的目标。

4. 电渗井点降水

电渗井点降水可以将水快速排除,达到降水目的,多适用于渗透系数小于 0.1 m/d 的细粒土。电渗井点本身受限于自身设备,不能单独使用,需要与轻型井点或喷射井点联合使用,故适用的水位降深主要取决于轻型井点或喷射井点的降水深度。电渗井点降水的效果主要与电压梯度、土体含水量、电解质的浓度等因素有关,而与土体和结构相关性较小。电渗井点因要联合使用,故施工方法烦琐,且耗电量大,所以只在一般井点很难达到降水目的时才使用该方法。

5. 管井井点降水

管井井点降水方法不同于一般的井点降水,它是采用独特的设备钻孔成井,井内配置潜水泵或深井泵,用泵将水抽出。管井深度可以较大,降深较大,当管井的深度大于 15 m 时,可称其为深井井点降水。管井降水形成的降深较大,故在进行降水井布置时,一般是沿着基坑基顶或基底每隔一段距离设置一口管井,间距由排水量决定。相比于其他的井点降水方法,管井排水量大,排水效果好,故适用于地下水量较大、含水层较厚、渗透系数较大的含水层,例如砂卵石等透水条件较好的含水层。因降水效果好,可用于承压水的降压降水,也可用于潜水的疏干降水,已被普遍采用。

2.1.1.3　堵截地下水措施

当降水对基坑的稳定不利且对周边环境安全有影响时,可采用截水方法,截断地下水的水流通道,如果截水后基坑中水头压力或水量还是较大,还可在截渗后的基坑内进行抽排降水。以堵截地下水进行降水或排水是较为安全的方法,具体堵截措施有防渗帷幕、地下连续墙、钢板桩、稀浆槽、夹心墙及冻结法等。

(1)防渗帷幕类似于帷幕灌浆的作用,一般采用高压注浆、搅拌等方法,形成一道地下连续帷幕,一般分水平和垂直两种,水平帷幕一般情况下设置在基坑底面下,水平加压成型,如果基坑以下有深厚的透水层,水平止水帷幕的设置可以阻止坑外地下水绕过防渗帷幕向基坑内渗流,能够起到基坑底防渗和抗坑底隆起、变形等作用。

垂直帷幕则是在基坑四周形成连续帷幕,其作用是阻止坑外透水层在坑内外水位差的作用下向坑内渗流;如果有承压水层的存在,垂直帷幕可以防止承压水的顶托力破坏基底土体而发生突涌破坏。

防渗帷幕的适用条件如下:①如果所需排水的潜水位较高,并且地基土体的渗透系数较大,出水量大,可以在基坑四周设置竖向止水帷幕。卵砾石层、砂层、粉土层及杂填土均为透水层,相比之下其相间的黏性土层则可视为隔水层,这种情况下就不用再额外增加止水帷幕。②垂直止水帷幕因为要隔断地下水水流,故要深入到相对不透水层如黏性土层,虽说帷幕造价较高,但如果透水层厚度不大,设置止水帷幕造价也不算太大。③如果基坑位于深厚透水层中,此时地下水水量较大,当采用降低水位的方案时,排水量太大,造价更大,或者不允许大范围大量抽水,故需要采用封闭式的止水帷幕。例如,将竖向止水帷幕下至深处的不透水层或者在坑底处设置水平止水帷幕,与坑外的竖向水帷幕组成一个立体隔水帷幕。这两种做法的优点是排水效果好,但工程量都很大,造价很高,工期也较长。④如果开挖基坑地下埋藏的承压水层其水头很大,坑底土层有可能被地下水冲溃破坏掉,这就要求布置一道水平止水帷幕。⑤当地下水埋深线以下存在一些软土层时,那么需要注意到有可能发生土体的压缩沉降,不适宜进行大规模的降排水。但如果不存在软土层,地基沉降不大,可考虑采用降水方案 + 小型的止水帷幕的降排水方法以降低工程造价。

(2)地下连续墙也是截渗的一种措施,但因为是钢筋混凝土结构,埋在土体内部,可以承受较大的侧向土压力,在软弱、渗透性不大的地层的工程应用中,大量的实际应用效果都表明其止水能力可以满足工程要求。

(3)钢板桩是将钢板桩打入基坑下部含水土层中,在基坑开挖之前就打好了,可高效阻挡地下水,同时对于工程而言,还可起到边坡支护的作用。此方法因为使用钢板桩,造价高,施工工艺复杂,目前仅在淤泥质砂、黏土质砂等地层工程中得以大量应用。

(4)稀浆槽法,此方法施工方便,但受开挖沟槽大小和灌注的影响,对边坡没有支护作用,但可阻透水层较薄的水作用,用于浅基础的施工。

(5)夹心墙是在稀浆槽基础上发明出来的,是在稀浆槽中再增设一道沟槽,然后将搅拌好的混凝土浇筑到里面,由此浇筑成一堵有防渗能力的混凝土墙。此方法虽既能有效堵截地下水,又有支撑边坡的作用,但造价较高。

(6)冻结法是很多地下工程中采用的方法,采用冷冻技术,先将基坑周围土层冻结,使得水流不流动,冻结的边坡还可支撑边坡。该方法在黏土质砂、淤泥质砂等土壤中有着很好的应用条件,但是对设计和技术的要求较高,因此在实际工程中一般使用得很少。

在实际工程中,为了达到降水目的,通常不会采用单一的降排水或截渗措施,而是结合不同的降水方法,可以最大限度地节约资源、降低成本,同时减少降水引起的不良后果。

2.1.2　降水方案施工工艺

主要针对软土地基工程中常用的管井和轻型井点施工工艺进行分析。

2.1.2.1　管井施工

1. 施工准备

技术人员详细会审图纸,编制单位、分部、分项工程实施性的施工组织设计和方案,做好技术交底。根据工程特点,针对重点关键工序组织专项技术攻关。

施工所需设备要在进场前完成检修,达到运转正常的条件。进场设备型号、数量、时间要满足施工计划要求,并配备一定的易损件配件,便于现场及时维修更换。

根据施工进度计划,劳动力组织部门在公司内部对施工作业队伍进行择优录取,组织各工种劳动力按需进场。所有拟定的施工人员进场前进行操作工艺、质量标准、安全卫生、消防等项目的技术培训和交底。

物资部门编制材料需用量计划,对施工用材料提前对供应商进行考察,对材料质量进行验证,并按照材料需用量计划,组织合格材料进场。

进场后组织清理、平整场地,查清、清除障碍物,保护永久地上地下设施,临电、临水总包配合施工,做好改建电力管线的前期准备工作。

2. 测量放线

为保证施工的连续性和一致性,在施工现场设置足够数量的相互通视的坐标控制点及高程水准点。每 20~30 m 设一水准点,水准点标设在原有建筑或固定不变的围墙等物体上,直接测放管井的平面位置。

测量员应配合测绘单位的钉桩过程,掌握线路控制点和标高点设置情况,对以上点位位置情况及时进行记录并对桩点采取必要的保护措施。标高点引测到线路附近且便于通视的位置。每个施工作业段不少于 3 点。

按照设计图纸要求和测绘单位提供的控制桩、控制点和开挖放坡要求,洒出开槽灰线。

当槽底开挖到设计高程以上 20 cm 左右,将标高传递到槽底,在边坡上钉出 1 m 线,配合清槽工作,防止超挖,保持槽底坡度准确、均匀。

在井室底板施工后,按照设计图纸的要求,在底板上放出墙身线、标志出墙身留洞位置和标高。

抄平时,应将水准仪尽量安置在测点范围的中心位置,精度应符合《建筑工程施工测量规程》(京建质〔1995〕577 号) 的规定。

每完成一项测设工作后,要对成果进行校核,保证测设误差在允许范围以内。

每完成一项测设工作自检合格后和下道工序班组做好交接检并做好记录。

3. 土方工程

1）作业条件

（1）土方开挖前，应根据施工方案的要求，将施工区域内的地下、地上障碍物清除和处理完毕。

（2）建筑物或构筑物的位置或场地的定位控制线（桩）标准水平桩及开槽的灰线尺寸，必须经过检验合格，并办完预检手续。

（3）夜间施工时，应有足够的照明设施，在危险地段应设置明显标志，并要合理安排开挖顺序，防止错挖或超挖。

（4）在机械施工无法作业的部位及修整边坡坡度和清理均应配备人工进行。

2）操作工艺

工艺流程：确定开挖顺序和坡度 →分段下挖 →修边和清底。

（1）挖土机沿挖方边缘移动时，机械距离边坡上缘的宽度不得小于基坑（槽）和管沟深度的 1/2。

（2）在开挖过程中，应随时检查槽壁和边坡的状态。深度大于 1.5 m 时的基坑（槽）或管沟，根据土质情况，应做好支撑的准备，以防坍塌。

（3）开挖基坑（槽）和管沟，不得挖至设计标高以下，当不能准确地挖至设计地基标高时，可在设计标高以上暂留一层土不挖，以便在找平后由人工挖出。

暂留土层：一般铲运机、挖土机挖土时，为 20 cm 左右；挖土机用反铲、正铲和拉铲挖土时为 30 cm 左右为宜。

（4）在机械施工挖不到的土方，应配合人工随时进行挖掘，并用手推车把土方运到机械挖到的地方，以便及时挖走。

（5）修帮和清底。在距槽底设计标高 50 cm 槽帮处，找出水平线，钉上小木橛，然后用人工将暂留土层挖走。同时由两端轴线（中心线）引桩拉通线（用小线或铅丝），检查距槽边尺寸，确定槽宽标准。以此修整槽边，最后清除槽底土方。槽底修理铲平后进行质量检查验收。

（6）开挖基坑（槽）的土方，在场地有条件堆放时，一定留足回填需用的。

4. 垫层

垫层支模前,利用控制桩向基坑下放线,垫层周边支 100 mm 木方子,保证模板稳定,每块模有两个固定桩控制,防止跑模,控制混凝土厚度,用 2 m 杠尺刮平,振捣密实,木抹子搓平。

5. 钢筋工程

1）钢筋原材

热轧光圆钢筋必须符合《低碳钢热轧圆盘条》(GB/T 701—2008)和《钢筋混凝土用热轧光圆钢筋》(GB 13013—1991)的规定。热轧带肋钢筋必须符合《钢筋混凝土用热轧带肋钢筋》(GB 1499—1998)的规定。所有钢筋必须具有质量证明书,进场后根据规范要求做进场复试。

2）钢筋加工

采用冷拉方法进行钢筋调直。

Ⅰ级钢筋冷拉率≤4%。

Ⅱ级钢筋冷拉率≤1%。

钢筋成型、钢筋弯钩或弯折:

Ⅰ级钢筋末端做 180 度弯钩,弯弧内直径不应小于钢筋直径的 2.5 倍,弯钩的平直部分长度不应小于钢筋直径的 3 倍。

Ⅱ级钢筋末端不做弯钩,当需要做弯折时,不大于 90 度时,弯折处的弯弧内直径不应小于钢筋直径的 5 倍,钢筋末端做 135 度弯钩时,弯弧内直径不应小于钢筋直径的 2.5 倍,尚应不小于受力钢筋直径。弯钩的弯后平直部分长度不应小于钢筋直径的 10 倍。

3）钢筋绑扎与安装

(1)材料及主要机具。

①钢筋:必须有出厂合格证,按规定做力学性能复试。当加工过程中发生脆断等特殊情况时,还需做化学成分检验。钢筋无老锈及油污。

②铁丝:采用火烧丝。铁丝的切断长度要满足使用要求。

③控制混凝土保护层用的砂浆垫块、塑料卡、各种挂钩或撑杆等。

④工具:钢筋钩子、撬棍、扳子、绑扎架、钢丝刷子、手推车、粉笔、尺子等。

(2)作业条件。

①按施工现场平面图规定的位置,将钢筋堆放场地进行清理、平整。准备好垫木按钢筋绑扎顺序分类堆放,并将锈蚀进行清理。

②核对钢筋的级别、型号、形状、尺寸及数量是否与设计图纸及加工配料单相同。

③当施工现场地下水位较高时,必须有排水及降水措施。

④熟悉图纸,确定钢筋穿插就位顺序,并与有关工种做好配合工作,如支模、管线与绑扎钢筋的关系,确定施工方法,做好技术交底工作。

(3)底板钢筋绑扎。

①画钢筋位置线→运钢筋到使用部位→绑底板(边墙或顶板)钢筋。

②画钢筋位置线:按图纸标明的钢筋间距,算出底板实际需用的钢筋根数,一般让靠近底板模板边的那根钢筋离模板边 5 cm,在底板上弹出钢筋位置线(包括梁钢筋位置线)。

③将钢筋按规格、类型、使用部位运至使用部位。

④绑扎钢筋。

按弹出的钢筋位置线,先铺下层钢筋。根据底板受力情况,决定下层钢筋哪个方向钢筋在下面,一般情况下先铺短向钢筋,再铺长向钢筋。

钢筋绑扎时,靠近外围两行的相交点每点都绑扎,中间部分的相交点可相隔交错绑扎,双向受力的钢筋必须将钢筋交叉点全部绑扎。若采用一面顺扣应交错变换方向,也可采用八字扣,但必须保证钢筋不位移。

摆放混凝土保护层用砂浆垫块,垫块厚度等于保护层厚度,按每 1 m 左右距离梅花型摆放。若底板较厚或顶板钢筋量较大,摆放距离可缩小,甚至砂浆垫块可改用大理石块代替。

钢筋有绑扎接头时,钢筋搭接长度及搭接位置应符合施工规范要求,钢筋搭接处应用铁丝在中心及两端扎牢。若采用焊接接头,除应按焊接规程规定抽取试样外,接头处置也应符合施工规范的规定。

由于钢筋受力的特殊性,上下层钢筋断筋位置应符合设计要求。

6.模板工程

材料及主要机具:钢模板、木方子、支承件(钢管支柱、油托、木材等)、模板隔离剂。木模板及配件应严格检查,不合格的不得使用。经修理后的模板也应符合质量标准的要求。

斧子、锯、扳手、打眼电钻、线坠、靠尺板、方尺、水平尺、撬棍等。

模版安装工艺流程:支立柱→安大小龙骨→铺模板→校正标高→加立杆的水平拉杆→办预检。

顶板模板采用架子管、油托、木龙骨的支撑体系。

油托下垫通长脚手板,支架应垂直。

从一侧开始安装,先安第一排龙骨和支柱,临时固定;再安第二排龙骨和支柱,依次逐排安装。支柱与龙骨间距应根据模板设计规定。

调节油托高度,将大龙骨找平。

钢模板:可从一侧开始铺,每两块板间边肋用 U 形卡连接,U 形卡安装间距一般不大于 30 cm(每隔一孔插一个)。每个 U 形卡卡紧方向应正反相间,不要安在同一方向。定型组合木模板之间应拼缝严密(缝隙之间以海绵条填充)。

平台板铺完后,用水平仪测量模板标高,进行校正,板中部高于边缘 10 ~ 20 mm,严禁中部低于边缘。

标高校完后,支柱之间应加水平拉杆。根据支柱高度决定水平拉杆设几道。一般情况下离地面 20 ~ 30 cm 处一道,往上纵横方向每隔 1.6 m 左右一道,并检查,保证完整牢固。

将模板内杂物清理干净,办预检。

板模板拆除:板模板拆除过程中,设专职安全员检查。

(1)板模板拆除先拆掉水平拉杆,然后拆除支柱,每根龙骨留 1 ~ 2 根支柱暂不拆。

(2)操作人员站在已拆除的空隙,拆去近旁余下的支柱,使其龙骨自由坠落。

(3)用钩子将模板钩下,等该段的模板全部脱模后,集中运出,集中堆放。

(4)拆下的模板及时清理粘连物,涂刷脱模剂,拆下的扣件及时集中收集管理。

7. 混凝土施工

1)混凝土和搅拌站选择与运输

混凝土采用商品混凝土,其生产和质量必须符合《混凝土质量控制标准》(GB 50164—2011)的规定。混凝土水平运输采用混凝土搅拌运输车,现场使用溜槽直接浇筑。

2)混凝土浇筑

混凝土使用商品混凝土,由混凝土罐车运至施工现场,溜槽入仓,使用插入式振捣器,应快插慢拔,插点要均匀排列,逐点移动,顺序进行,不得漏插,做到均匀振实。振捣棒移动间距不大于 550 mm,振捣上一层时应插入下一层 5 cm,以消除两层间的接缝。

浇筑混凝土应连续进行,如必须间歇,其间歇时间应尽量缩短,并应在前层混凝土凝结之前,将次层混凝土浇筑完毕。

混凝土浇筑时应重点注意检查吊帮模板、钢筋、预埋孔洞、预埋件和插筋等有无移动、变形或堵塞情况,发现问题及时处理。

3)混凝土养护

本工程结构全部在常温施工,注意防止新浇混凝土的早期脱水,顶板施工完成 12 h 以后洒水养护,不少于 7 昼夜,梁板混凝土强度≤1.2 MPa 前,不得上人和进行其他作业。

8.井筒砌筑

(1)水泥砌筑砂浆采用现场搅拌砂浆,考虑在现场适中位置设立搅拌站点,配置一台小型搅拌设备和水泥、砂子的计量器具。砂浆随搅随用,控制好现场的用量,缩短砂浆存放时间,砂浆现场运输配置两台机动翻斗车。

(2)1:2.5 水泥砂浆 20 mm 厚墙体内外抹灰按照防水砂浆做法施工,表面颜色均匀、平整无裂缝,上下层接缝处错开。

9.管线敷设

1)作业条件

沟槽土方开挖符合设计和施工方案要求,验收完成。

做好预拌混凝土厂家的联系和供应准备工作。

做好对施工人员的安全、技术和质量交底工作。

2)混凝土垫层及沟槽基底处理

混凝土垫层浇筑前对沟槽基底进行清理、平整后浇筑混凝土垫层,做法和要求参照井室垫层做法。

3)包封钢筋绑扎

钢筋绑扎与电缆管铺设交叉同步进行。横向钢筋开口在上,左右错开。

钢筋绑扎前在垫层或基底上画出钢筋间距的标志线,绑扎后点好垫块。

4)电缆管安装

为保证管道位置准确,必须制作、使用钢筋支架。

相邻管道接口位置错开 0.5~1 m。

管道安装时拉线找直,保证管道顺直。

5）混凝土浇筑

浇筑混凝土之前堵严埋管的端口，防止混凝土堵管。

混凝土浇筑时必须使用溜槽，混凝土自由下落高度不得超过 1 m。

严禁混凝土直接冲击管道，应在下灰处铺设薄钢板或多层板，使混凝土依靠自身流动性进入管道缝隙中。

振捣时不得碰撞埋管和支架，控制好振捣时间和间距。

2.1.2.2 轻型井点施工

1. 施工准备

（1）详细查阅工程地质勘察报告，了解工程地质情况，分析降水过程中可能出现的技术问题及采取的措施。

（2）凿孔设备与抽水设备检查。

2. 井点安装

1）安装程序

井点放线定位 → 安装高位水泵 → 凿孔安装埋设井点管 → 布置安装总管→ 井点管与总管连接 → 安装抽水设备 →试抽与检查 →正式投入降水程序。

2）井点管埋设

根据建设单位提供测量控制点，测量放线确定井点位置，然后在井位先挖一个小土坑，深大约 500 mm，以便于冲击孔时集水，埋管时灌砂，并用水沟将小坑与集水坑连接，以便于排泄多余水。

用人工将简易井架移到井点位置，将套管水枪对准井点位置，启动高压水泵，水压控制在 0.4～0.8 MPa，在水枪高压水射流冲击下套管开始下沉，并不断地升降套管与水枪。一般粉质黏土，按经验，套管落距在 1 000 mm 之内，在射水与套管冲切作用下，在 10～15 min 时间之内，井点管可下沉 10 m 左右，遇到较厚的纯黏土时，沉管时间要延长，此时可采取增加高压水泵的压力，以达到加速沉管的速度。冲击孔的成孔直径应达到 300～350 mm，保证管壁与井点管之间有一定的间隙，以便于填充砂石，冲孔深度应比滤管设计安置深度低 500 mm 以上，以防止冲击套管提升拔出时部分土塌落，并使滤管底部存有足够的砂石。

凿孔冲击管上下移动时应保持垂直，这样才能使井点降水井壁保持垂直，若在凿孔时遇到较大的石块和砖块，会出现倾斜现象，此时成孔的直径也应尽量保持上下一致。

　　井孔冲击成型后,应拔出冲击管,井点管插入井孔,井点管的上端应用木塞塞住,以防砂石或其他杂物进入,并在井点管与孔壁之间填灌砂石滤层。该砂石滤层的填充质量直接影响轻型井点降水的效果,应注意以下几点:

　　(1)砂石必须采用粗砂,以防止堵塞滤管的网眼。

　　(2)滤管应放置在井孔的中间,砂石滤层的厚度应为 60 ~ 100 mm,以提高透水性,并防止土粒渗入滤管堵塞滤管的网眼。填砂厚度要均匀,速度要快,填砂中途不得中断,以防孔壁塌土。

　　(3)滤砂层的填充高度,至少要超过滤管顶以上 1 000 ~ 1 800 m,一般应填至原地下水位线以上,以保证土层水流上下畅通。

　　(4)井点填砂后,井口以下 1.0 ~ 1.5 m 用黏土封口压实,防止漏气而降低降水效果。

　　3)冲洗井管

　　将 ϕ 15 ~ 30 m 的胶管插入井点管底部进行注水清洗,直至流出清水。应逐根进行清洗,避免出现"死井"。

　　4)管路安装

　　首先沿井点管线外侧,铺设集水毛管,并用胶垫螺栓把干管连接起来,主干管连接水箱水泵,然后拔掉井点管上端的木塞,用胶管与主管连接好,再用 10# 铁丝绑好,防止管路不严漏气而降低整个管路的真空度。主管路的流水坡度按坡向泵房 5% 的坡度并用砖将主干管垫好。

　　5)检查管路

　　检查集水干管与井点管连接的胶管的各个接头在试抽水时是否有漏气现象,发现这种情况应重新连接或用油腻子堵塞,重新拧紧法兰盘螺栓和胶管的铅丝,直至不漏气。在正式运转抽水之前必须进行试抽,以检查抽水设备运转是否正常,管路是否存在漏气现象。在水泵进水管上安装一个真空表,在水泵的出水管上安装一个压力表。为了观测降水深度是否达到方案所要求的降水深度,在基坑中心设置一个观测井点,以便于通过观测井点测量水位,并描绘出降水曲线。

　　在试抽时,应检查整个管网的真空度,应达到 550 mmHg(73.33 kPa),方可进行正式投入抽水。

3. 抽水

轻型井点管网全部安装完毕后进行试抽。当抽水设备运转一切正常后,整个抽水管路无漏气现象,可以投入正常抽水作业。开机 7 d 后将形成地下降水漏斗,并趋向稳定,土方工程可在降水 10 d 后开挖。

注意事项:

(1)土方挖掘运输车道不设置井点,这并不影响整体降水效果。

(2)在正式开工前,由电工及时办理用电手续,保证在抽水期间不停电,并设置一台柴油发电机备用。因为抽水应连续进行,特别是开始抽水阶段,时停时抽,井点管的滤网易于阻塞,出水混浊。同时,由于中途长时间停止抽水,造成地下水位上升,会引起土方边坡塌方等事故。

(3)轻型井点降水应经常进行检查,其出水规律应符合"先大后小,先混后清"。若出现异常情况,应及时进行检查。

(4)在抽水过程中,应经常检查和调节离心泵的出水阀门以控制流水量,当地下水位降到所要求的水位后,减少出水阀门的出水量,尽量使抽吸与排水保持均匀,达到细水长流。

(5)真空度是轻型井点降水能否顺利进行降水的主要技术指数,现场设专人经常观测,若抽水过程中发现真空度不足,应立即检查整个抽水系统有无漏气环节,并应及时排除。

(6)在抽水过程中,特别是开始抽水时,应检查有无井点管淤塞的"死井",可通过管内水流声、管子表面是否潮湿等方法进行检查。如"死井"数量超过 10% ,则严重影响降水效果,应及时采取措施,采用高压水反复冲洗处理。

(7)若黏土层较厚,沉管速度会较慢,当超过常规沉管时间时,可采取增大水泵压力,为 1.0 ~ 1.4 MPa,但不要超过 1.5 MPa。

(8)主干管应按本交底做好流水坡度,流向水泵方向。

(9)如在冬季施工,应做好主干管保温,防止受冻。

(10)基坑周围上部应挖好水沟,防止雨水流人基坑。

(11)井点位置应距坑边 2 ~ 2.5 m,以防止井点设置影响边坑土坡的稳定性。水泵抽出的水应按施工方案设置的明沟排出,离基坑越远越好,以防止地表水渗下回流,影响降水效果。

（12）若场地黏土层较厚，这将影响降水效果，因为黏土的透水性能差，上层水不易渗透下去，采取套管和水枪在井点轴线范围之外打孔，用埋设井点管相同成孔作业方法，井内填满粗砂，形成 2～3 排砂桩，使地层中上下水贯通。在抽水过程中，由于下部抽水，上层水由于重力作用和抽水产生的负压，上层水系很容易漏下去，将水抽走。

2.2　降排水设计理论

2.2.1　排水量计算

2.2.1.1　初期排水量计算

初期排水主要包括基坑积水、围堰与基坑渗水两大部分。对于降水，因为初期排水是在围堰或截流戗堤合龙闭气后立即进行的，通常是在枯水期内，而枯水期降水很少，所以一般可不予考虑。但现行规范规定，可按抽水时段内的多年日平均降水量计算。除积水、渗水和降水外，有时还需考虑填方和基础中的饱和水。

1. 积水的排除

积水的排除流量可按下式计算：

$$Q_1 = V/T \tag{2-1}$$

式中　Q_1——积水排除的流量；

　　　V——基坑积水体积；

　　　T——初期排水时间。

基坑积水体积可按基坑水面积和积水水深计算，这是比较容易的。但是排水时间 T 的确定就比较复杂，主要受基坑水位下降速度的限制；基坑水位的允许下降速度视围堰种类、地基特性和基坑内水深而定。水位下降太快，则围堰或基坑边坡中动水压力变化过大，容易引起坍坡；下降太慢，则影响基坑开挖时间。一般认为，土围堰的基坑水位下降速度应限制在 0.5～0.7 m/d，木笼及板桩围堰等应小于 1.0～1.5 m/d。在进行初期排水设计时，许多资料欠缺。因此，施工组织设计规范 SDJ 338—89 中规定，对大型基坑 T 值一般可采用 5～7 d；中型基坑不超过 3～5 d。但又指出，在具体确定基坑水位下降速度时，尚应考虑对不同堰型的影响。

2.渗水的排除

渗透流量原则上可按有关公式计算。但是,初期排水时的渗流量估算往往很难符合实际,因为此时还缺乏必要的资料。通常不单独估算渗流量 Q ,而将其与积水排除流量合并在一起,依靠经验估算初期排水总流量 Q ,即

$$Q = Q_1 + Q_s = \eta V/T \tag{2-2}$$

式中　　η ——经验系数,主要与围堰种类、防渗措施、地基情况、排水时间等因素有关,根据国外一些工程的统计, $\eta = 4 \sim 10$,我国根据三门峡、丹江口等工程的经验,认为上述 η 值偏大,因此,有人建议采用 $\eta = 2 \sim 3$,三门峡初设用 $\eta \approx 5$,丹江口设计曾用过 $\eta = 10$ 和 $\eta = 5$,实际上为 $1.5 \sim 2.5$,这也可能与水位下降速度快有关;

其他符号意义同前。

3.填方和基础覆盖层中的饱和水

通常,当填方和覆盖层体积不太大时,在初期排水且基础覆盖层尚未开挖时,可以不必计算饱和水的排除。若需计算,可按基坑内覆盖层总体积和孔隙率估算饱和水总水量。

按式(2-2)估算初期排水流量,选择抽水设备后,往往很难符合实际。在初期排水过程中,可以通过试抽法进行校核和调整,并为经常性排水计算积累一些必要资料。试抽时如果水位下降很快,显然是所选择的排水设备容量过大,此时应关闭一部分排水设备,使水位下降速度符合设计规定。试抽时若水位不变,则显然是设备容量过小或有较大渗漏通道存在,此时应增加排水设备容量或找出渗漏通道予以堵塞,然后进行抽水。还有一种情况是水位降至一定深度后就不再下降,这说明此时排水流量与渗流量相等,据此可估算出需增加的设备容量。

2.2.1.2　经常性排水量计算

经常性排水的排水量,主要包括围堰和基坑的渗水、降水、混凝土养护用废水等。设计中一般考虑两种不同的组合,从中择其大者,以选择排水设备。一种组合是渗水加降水,另一种组合是渗水加施工废水。降水和施工废水不必组合在一起,这是因为二者一般不会同时出现。如果全部叠加在一起,显然太保守了。

1. 降水量的计算

以往在基坑排水设计中,对降水量的计算无统一标准。有人主张用频率概念,一般按 5～10 年一遇标准计算;也有人主张按实测资料采用。现行规范规定,降水量按抽水时段最大日降水量在当天排干计算。

2. 施工废水

施工废水主要考虑混凝土养护用水,其用水量估算,应根据气温条件和混凝土养护的要求而定。一般初估时可按每立方米混凝土每次用水 5 L,每天养护 8 次计算。

3. 渗透流量计算

通常,基坑渗透总量包括围堰渗透量和基础渗透量两大部分。关于渗透量的详细计算方法,在水力学、水文地质和水土结构等论著中均有介绍,这里仅介绍估算渗透流量常用的一些方法,以供参考。

按照基坑条件和所采用的计算方法,有以下几种计算情况:

(1)基坑远离河岸不必设围堰时渗入基坑的全部流量 Q 的计算。首先按基坑宽长比 B/L 将基坑区分为窄长形基坑($B/L \leqslant 0.1$)和宽阔基坑($B/L > 0.1$)。前者按沟槽公式计算,后者则化为等效的圆井,按井的渗流公式计算。此时还可区分为无压完全井、无压不完全井、承压完全井、承压不完全井等情况。考虑到水利水电工程中遇到这类情况的机会较少,而所需的公式在一般水力学手册中很容易找到,故此处不再介绍。

(2)筑有围堰时基坑渗透量的简化计算。与前一种情况相仿,也将基坑化引为等效圆井计算。常遇到的情况有以下两种:

①无压完整形基坑(见图 2-1)。首先分别计算出上、下游面基坑的渗透流量 Q_{1s} 和 Q_{2s},然后相加,则得基坑总渗透流量 $Q_s = Q_{1s} + Q_{2s}$。

$$Q_{1s} = \frac{1.365}{2} \frac{K_s (2s_1 - T_1) T_1}{\lg \dfrac{R_1}{r_0}} \tag{2-3}$$

$$Q_{2s} = \frac{1.365}{2} \frac{K_s (2s_2 - T_2) T_2}{\lg \dfrac{R_2}{r_0}} \tag{2-4}$$

式中　K_s——基础的渗透系数;

　　s_1、T_1、s_2、T_2 的含义见图 2-1;R_1、R_2 和 r_0 的含义见式(2-7)～式(2-9)。

式(2-3)和式(2-4)分别适用于 $R_1 > 2s_1\sqrt{s_1K_s}$ 和 $R_2 > 2s_2\sqrt{s_2K_s}$ 的情况。

②无压不完整形基坑(见图 2-2)。在此情况下,除坑壁渗透流量 Q_{1s} 和 Q_{2s} 仍按完整形基坑公式计算外,尚需计入渗透流量 q_1 和 q_2。基坑总渗透流量 Q_s 为

$$Q_s = Q_{1s} + Q_{2s} + q_1 + q_2 \tag{2-5}$$

其中,Q_{1s} 和 Q_{2s} 仍按式(2-3)和式(2-4)计算。q_1 和 q_2 则按以下两式计算:

$$q_1 = \frac{K_sT_{s1}}{\dfrac{R_1 - l}{T} - 1.47\lg(sh\dfrac{\pi l}{2T})} \tag{2-6}$$

$$q_2 = \frac{K_sT_{s2}}{\dfrac{R_2 - l}{T} - 1.47\lg(sh\dfrac{\pi l}{2T})} \tag{2-7}$$

式中　l——基坑顺水流向长度的一半;

　　　T——坑底以下覆盖层厚度(见图 2-2)。

此二式分别适用于 $R_1 \geqslant l + T$ 和 $R_2 \geqslant l + T$ 的情况。

为了运用方便,现将一般水井的几个计算参数介绍如下。

R_1 和 R_2 为降水曲线的影响半径,主要与土质有关。根据经验,细砂的 $R = 100 \sim 200$ m;中砂的 $R = 250 \sim 500$ m;粗砂的 $R = 700 \sim 1\ 000$ m。R 值也可按照各种经验公式估算,例如按库萨金公式为

$$R = 575s\sqrt{HK_s} \tag{2-8}$$

式中　H——含水层厚度,m;

　　　s——水面降落深度,m;

　　　K_s——渗透系数,m/h。

r_0 是将实际基坑化引为等效圆井时的化引半径。对于不规则形状的基坑,可按下式计算:

$$r_0 = \sqrt{\frac{F}{\pi}} \tag{2-9}$$

式中　F——基坑面积,m²。

对于矩形基坑

$$r_0 = \eta\frac{L + B}{4} \tag{2-10}$$

式中　　B、L——基坑的宽度和长度；

　　　　η——基坑形状系数，与 $\dfrac{B}{L}$ 值有关。

渗透系数 K_s 与土的种类、结构、孔隙率等因素有关，一般应通过现场试验确定。当缺乏资料时，各类手册中所提供的数据也可供初估时参考。

2.2.2　抽水设备选择

排水设备常用离心式水泵，为运转方便，应选择容量不同的水泵，以便组合运用。

排水设备容量可按式(2-2)估算，并配置备用量。当水泵工作台数在 5 台以下时，可备用 1 台，工作台数在 5 台以上时，按 20% 备用。

2.2.3　排水布置

2.2.3.1　初期排水

确定排水设备容量后，要妥善地布置水泵站。实践中往往由于水泵站布置不当，降低排水效果，甚至水泵运转时间不长又被迫转移，造成人力、物力和时间上的浪费。一般初期排水可采用固定式或浮动式水泵站。固定式泵站可设在围堰上[见图 2-3(a)]，这种布置适用于吸水高度小于 6 m 的情况。如果基坑内水深或吸水高度超过 6 m，则需将泵站转移至较低高程，例如转移到设置在基坑内的固定平台上[见图 2-3(b)]。这种平台可以是桩台、木笼墩台或围堰内坡上的平台。如果水深远大于 6 m，则应考虑选用浮式泵站。一种方法是将水泵放在沿滑道移动的平台上[见图 2-3(c)]，用绞车操纵逐步下放。另一种方法是将水泵放在浮船上[见图 2-3(d)]。

在布置水泵站时，有几个问题应当注意：泵站和管路的基础应能抵抗一定的漏水冲刷；水泵的出水管口最好是放在水面以下，这样可依靠虹吸作用减轻水泵的工作。在水泵排水管上应设置止回阀，以防水泵停止工作时，基坑外的水倒灌入基坑。另外，浮式泵站应设置橡皮软接头，以适应泵站的升降。

2.2.3.2　经常性排水

建筑物施工时的排水系统，通常都布置在基坑四周，如图 2-4 所示。排水沟应布置在建筑物轮廓线外侧，且距离基坑边坡坡脚不小于 0.3 ~ 0.5 m。排水沟的断面尺寸和底坡大小，取决于排水量的大小。一般排水沟宽不小于 0.3 m，沟深不大于 1.0 m，底坡不小于 0.002。在密实土层中，排水沟可以不用支撑；但在松土层中，则需用木板或麻袋装石来加固。水经排水沟流入集水

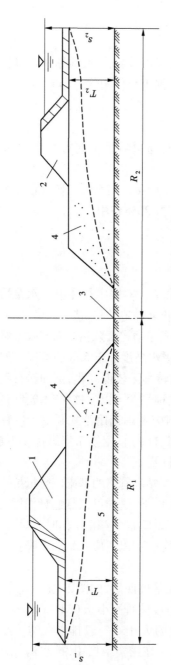

1—上游围堰;2—下游围堰;3—基坑;4—基础覆盖层;5—隔水层

图 2-1 无压完整形基坑

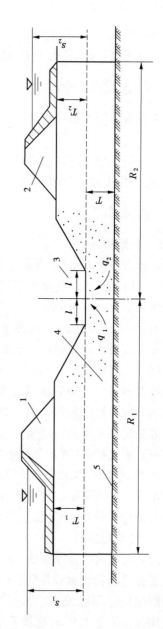

1—上游围堰;2—下游围堰;3—基坑;4—基础覆盖层;5—隔水层

图 2-2 有围堰的无压不完整形基坑

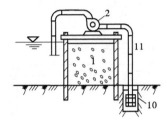

(a)设在围堰上

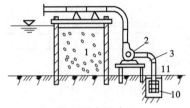

(b)设在固定平台上

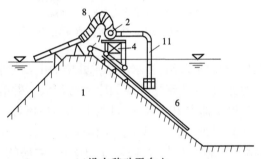

(c)设在移动平台上

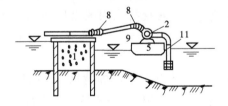

(d)设在浮船上

1—围堰;2—水泵;3—固定平台;4—移动平台;
5—浮船;6—滑道;7—绞车;8—橡皮接头;
9—铰接桥;10—集水井;11—吸水管

图 2-3　水泵站的布置

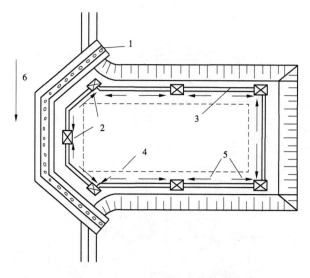

1—围堰;2—集水井;3—排水沟;4—建筑物轮廓线;
5—排水沟中的水流方向;6—河流

图 2-4　建筑物施工时基坑排水系统的布置

井后,利用在井边设置的水泵站,将水从集水井中抽出。集水井布置在建筑物轮廓线外较低的地方,它与建筑物外缘的距离必须大于井的深度。井的容积至少要能保证水泵停止抽水 10~15 min 时,井水不致漫溢。集水井可为长方形,边长 1.5~2.0 m,井底高程应低于排水沟底 1.0~2.0 m。在土中挖井,其底面应铺填反滤料;在密实土中,井壁用框架支撑;在松软土中,利用板桩加固,如板桩接缝漏水,尚需在井壁外设置反滤层。排水沟和集水井的形式如图 2-5 所示。集水井不仅可用来集聚排水沟的水量,而且还应有澄清水的作用,因为水泵的使用年限与水中含沙量的多少有关。为了保护水泵,集水井宜稍为偏大偏深一些。

为防止降水时地面径流进入基坑而增加抽水量,通常在基坑外缘边坡上挖截水沟,以拦截地面水。截水沟的断面及底坡应根据流量和土质而定,一般沟宽和沟深不小于 0.5 m,底坡不小于 0.002。基坑外地面排水系统最好与道路排水系统相结合,以便自流排水。

为了降低排水费用,当基坑渗水水质符合饮用水或其他施工用水要求时,可将基坑排水与生活、施工供水相结合。丹江口工程的基坑排水就直接引入供水池,供水池上设有溢流闸门,多余的水则溢入江中。

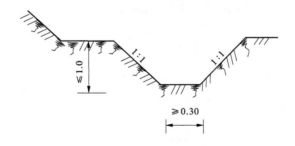

(a)竖实土层的排水沟

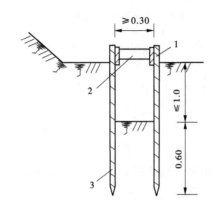

(b)用板桩加固的排水沟

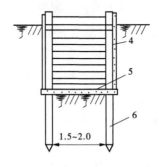

(c)用框架支撑的集水井

1—厚 5~10 cm 的木板;2—支撑;3—厚 3~5 cm 的板桩;4—厚 4~5 cm 的木板;
5—卵石护底;6—20m 的木桩;7—厚 5~8 cm 的板桩

图 2-5　排水沟和集水井剖面图　（单位:m）

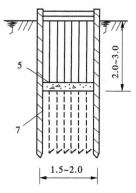

(d)用板桩加固的集水井

续图 2-5

2.2.4　降排水费用

2014 年 12 月 19 日,中华人民共和国水利部发布的水总〔2014〕429 号文《水利工程设计概(估)算编制规定工程部分》(简称《编规》)第三章中规定,施工降排水费用属于第四部分施工临时工程中其他临时工程子项。《编规》第五章中规定其他临时工程的计算方法为:按工程一至四部分建安工作量(不包括其他临时工程)之和的百分率计算。

(1)枢纽工程为 3.0% ~4.0% 。

(2)引水工程为 2.5% ~3.0% 。一般引水工程取下限,隧洞、渡槽等大型建筑物较多的引水工程、施工条件复杂的引水工程取上限。

(3)河道工程为 0.5% ~1.5% 。灌溉田间工程取下限,建筑物较多、施工排水量较大或施工条件复杂的河道工程取上限。

从以上规定可以看出,施工降排水并不是以实物量的形式进行计算的,而是以费率形式包含于其他临时工程费用中。而其他临时工程不仅包含施工降排水费用,而且还包括施工供水(大型泵房及干管)、砂石料系统、混凝土拌和和浇筑系统、大型机械安装拆卸、防汛、防冰、施工通信等工程。由于水利水电工程的复杂性和施工因素的不确定性,在实际施工过程中,有个别项目仅施工降排水一项费用就超过了其他临时工程总费用,从而导致施工过程中的现场签证、设计变更、索赔、调整概算等一系列的问题。

降排水费用计算：

（1）在施工降排水计算过程中，设计人员应提供施工降排水所需要的泵型及台时数。

（2）造价人员根据施工人员提供的井型和泵型数计算工程单价。

（3）根据打井费用和抽水费用计算施工降排水总费用。

计算施工降排水总费用之后分两种情况计入工程总概预算表：

（1）根据《编规》计算其他临时费用大于施工降排水总费用。

按照《编规》要求施工降排水总费用不单独列项，费用包含于其他临时工程费用中。

（2）根据《编规》计算其他临时费用与施工降排水。

总费用相差无几或施工降排水费用大于其他临时工程费用。

2.3 案例分析

基坑施工拟以 900 m 为一降排水单元，假设各施工单元单独施工，互不干扰。降水井排水管采用 ϕ 75 mm 的 PVC 管，用潜水泵将地下水汇集至渠堤外侧排水沟内，最终将基底以下的地下渗水和积水排出。

2.3.1 排水量计算

受降雨及河道的补给，需要降水的范围较大，排泄水为潜水，降水井可以看成是潜水非完整井，因此计算总排水量时采用《建筑基坑支护技术规程》（JGJ 120—2012）推荐的潜水非完整井流涌水量的计算公式，即

$$Q = 1.366K \frac{H^2 - h^2}{\lg(1 + \frac{R}{r_0}) + \frac{h_m - l}{l}\lg(1 - 0.2\frac{h_m}{r_0})} \tag{2-11}$$

式中　K——渗透系数，m/d，招标文件未提供各土层渗透系数建议值，参考类似工程土层综合渗透系数选取为 2.3 m/d；

　　　Q——出水量，m^3/d；

　　　H——自然情况下潜水有效含水层的厚度，m；

　　　h——潜水含水层在抽水稳定时的厚度，m，$h = H - s$；

　　　h_m——$(H + h)/2$，m；

　　　l——过滤器的有效长度，m；

R——影响半径,m,利用经验公式 $R = 2s\sqrt{HK}$ 计算;

r_0——大井的引用半径,m,当基坑为矩形时,$r_0 = 0.29(a + b)$,其中,a 为渠道长度,m;b 为渠道宽度,m。

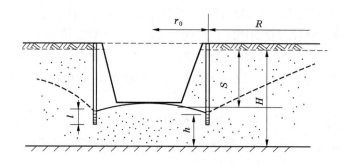

图 2-6　降水井涌水量计算示意图

将基坑分为 900 m 左右的施工段,平行施工。典型渠道施工段渠底平均高程为 28.1 m,底宽 25 m,渠道坡比 1∶2.5,齿墙底高程 27.3 m,地下水位平均按 30.7 m 考虑,降水后的水位按 26.8 m 考虑,河岸两侧滩地平均高程按 32.3 m 考虑,基于此对输水河道土方开挖降水进行计算。将上述各参数代入式(2-11),即可计算出施工单元的总排水量,结果见表 2-2。

表 2-2　总排水量计算成果

有效含水层厚 H(m)	渗透系数 K(m/d)	渠基水位降深 S(m)	滤水管长度 l(m)	渠基长度 a(m)	渠基宽度 b(m)	长 900 m 涌水量 Q(m³/h)
25	2.3	3.9	6	900	46	223.4

2.3.2　抽水设备选择和排水布置

2.3.2.1　降水井深度

基坑降排水井布置在渠道两侧,典型渠道施工段渠底平均高程为 28.1 m,底宽 25 m,渠道坡比 1∶2.5,齿墙底高程 27.3 m,地下水位平均按 30.7 m 考虑,渠道依据干地施工的原则,渠道地下水位需降至 26.8 m,河岸两侧滩地平均高程按 32.3 m 考虑。降水井井口高程 32.3 m,降水开始时的地下水位高程为 30.7 m,水位降深 S 渠基为 $30.7 - 26.8 = 3.9(\text{m})$,降水井沉淀管长度按 2 m 考虑。

降水井深度

$$H_w = H_{w1} + H_{w2} + H_{w3} + H_{w4} + H_{w5} + H_{w6} + H_{w7} + H_{w8} \qquad (2\text{-}12)$$

式中 H_w——降水井深度,m;

H_{w1}——渠底水位深度,m,取 3.4 m;

H_{w2}——降水水位距离渠底要求的深度,m,取 0.5 m;

H_{w3}——$i \times y_0$,i 为水力坡度,在降水井分布范围内宜为 $0.1 \sim 0.15$,取 0.1,y_0 为降水井至渠底中心距离,取 23.0 m,则 $H_{w3} = 2.30$ m;

H_{w4}——降水期间的地下水位变幅,m,根据汛期情况取 $2 \sim 4$ m,本地区取 3 m;

H_{w5}——降水井有效过滤器工作长度,m,取 6 m;

H_{w6}——沉砂管长度,m,取 2 m;

H_{w7}——水跃值,一般 $2 \sim 3$ m,取 2.0 m;

H_{w8}——井口至地下水原始稳定水位,取 1.6 m。

算出降水井深 H_w 为 20.8 m。因现场地质情况可能会在设计值每一个范围内波动,最终井深按 $20 \sim 25$ m 来考虑。

2.3.2.2 单井出水量的确定

根据《建筑基坑支护技术规程》(JGJ 120—2012)推荐的单井出水量的计算公式:

$$q = 120\pi r L(\sqrt[3]{K}) \qquad (2\text{-}13)$$

式中 L——有效过滤器长度,m;

r——过滤器内径半径,m;

K——招标文件未提供各土层渗透系数建议值,参考类似工程土层参数选取,m/d。

将各参数代入式(2-13),即可计算各施工单元单井出水量,见表 2-3,在降水井过滤管采用无砂混凝土滤水管、施工时采用泥浆护壁钻进及干扰井抽水情况下通常单井出水量是理论出水量的 $1/4 \sim 1/2$,取 $p = 0.33$。

表 2-3　降水单井出水量计算成果

过滤器内半径 r(m)	过滤器长度 l(m)	渠基水位降深 S(m)	渗透系数 K(m/d)	效率因子 p	单井出水量 q(m³/h)
0.2	6	3.9	2.3	0.45	6.09

2.3.2.3　管井数量和间距

　　排水设备常用离心式水泵、潜水泵,为运转方便,应选择容量不同的水泵,以便组合运用。排水设备容量可按单井排水量来估算,并配置备用量。当水泵工作台数在 5 台以下时,可备用 1 台,工作台数在 5 台以上时,按 20% 备用。

　　调研市面上生产的潜水泵,考虑计算的单井涌水量、每个井的出水量相互影响、现场土壤处于水饱和状态、基坑涌水量会增大、水泵电机的效率等因素,确定出潜水泵型号和实际出水量。降水井潜水泵型号及参数见表 2-4。

表 2-4　降水井潜水泵型号及参数

序号	水泵型号	水泵功率 (kW)	扬程 (m)	功率因子	额定出水量 (m³/h)	实际出水量 (m³/h)
1	50WQ17 - 25 - 3	3	25	0.7	17	11.9

　　当确定了涌水量、单井(潜水泵)实际出水量,则总井数 n 为:$n = 2Q/q_{泵}$,见表 2-5。

表 2-5　施工单元降水单井数量成果

900 m 总涌水量 Q(m³/h)	水泵出水量 $q_{泵}$(m³/h)	总井数 n(眼)	拟选水泵型号
223.4	11.9	38(对称布置)	50WQ17 - 25 - 3

　　当确定了施工单元涌水量、单井实际出水量及施工单元降水单井数量成果(见表 2-5),则井间距 D 为:$D = 2L/(n - 2)$,见表 2-6。

表 2-6　施工单元降水单井井间距成果

900 m 总涌水量 $Q(\text{m}^3/\text{h})$	总井数 n （眼）	降水井间距 $D(\text{m})$
223.4	38	50

2.3.3　抽水费用计算

2.3.3.1　降水井费用

在降水井数量方面，上述 900 m 方案降水井共 38 眼，深井内径 400 mm，井深 20～30 m，根据河南省《建筑工程预算定额》2006 年版，深井打井费用为 155.07 元/m，则降水井费用 $K = 25 \times 155.07 \times 38 = 147\,316.5$（元）。

2.3.3.2　抽水费用

假设本工程水泵运行期平均约 10 个月，约合 304.1 d，另根据渠道方案知，50WQ17 – 25 – 3 水泵共 38 台。

根据《水利工程施工机械台时费定额》（水总〔2002〕116 号）采用内插法计算出水泵台时费，见表 2-7。

表 2-7　水泵台时费

项目	一类费（元）				二类费（元）		总计 （元/台时）
	折旧费	修理及替换 设备费	安装拆卸费	小计	人工	电	
潜水泵 7.5 kW	0.64	2.91	1.04	4.59	2.842	5.504	15.90
潜水泵 3 kW	0.44	2.14	0.72	3.29	1.954	1.938	11.28
潜水泵 2.2 kW	0.4	1.99	0.66	3.05	5.681	1.425	10.46

根据河南省《建筑工程预算定额》2006 年版（见表 2-8）和表 2-7，管井降水套天费用分别为：配备 2.2 kW 潜水泵降水井抽水费为 268.55 元/套天，配备 3 kW 潜水泵降水井抽水费为 283.54 元/套天，配备 7.5 kW 潜水泵降水井抽水费为 366.83 元/套天。

表2-8 管井降水工程单价计算 （单位：套天）

工作内容：试抽水、值班、保持降水井经常工作

序号	名称	规格型号	计量单位	数量	单价（元）	合价（元）
1	直接费		元			237.18
1.1	人工费					61.86
	工长		工时	0.50	5.40	2.70
	高级工		工时		5.06	0
	中级工		工时		4.37	0
	初级工		工时	25.50	2.32	59.16
1.2	材料费		元			6.91
	其他（零星）材料费		元	3.00%	230.27	6.91
1.3	机械使用费		元			168.41
	单级离心水泵	5～10 kW	台时	13.50	12.00	161.93
	其他机械费		元	4.00%	161.93	6.48
2	施工管理费		元	12.88%	237.18	30.55
3	企业利润		元	7.00%	267.73	18.74
4	其他		元			0.57
5	税金		元	3.22%	287.04	9.24
	合计		元			296.28

注：定额编号90200（河南省《建筑工程预算定额》2006年版）。

故900 m渠道的降排水费用为

$M = 283.54$ 元/套天 $\times 38 \times 10 \times 30.41$ 天 $= 3\,276\,531.532$ 元。

2.3.3.3　降排水总费用

综合起来,900 m 渠道降水总费用为

$$S = M + K = 3\ 423\ 848.032\ 元。$$

2.4　小　结

结合我国现有的水利水电工程领域内的相关技术规范、标准、科技文献和技术规程,采用理论分析的方法对软土地基降排水措施进行了深入的分析,对软土地基降排水方案设计(含降排水布置、排水量计算及排水费用计算等)进行了详细的说明,采用某工程作为典型案例对其降排水方案进行设计,确定了降水井的井深、降水井平均间距,确定了井内抽水设备采用 50WQ17 – 25 – 3 水泵进行抽水,布置方式为双排布置的形式,并简单阐述了降水井结构设计和降排水费用。

第 3 章　基坑渗流计算原理

　　包气带水、潜水,可能包含一定的承压水都是与基坑降排水工程密切相关的水分,主要针对对象为松散土体中是软土基坑降排水工程的一大特点。松散土体是由不同粒径的土壤颗粒聚集在一块组成的,有着自有的空隙特点。含水层中存在于孔隙中的土壤水分,就是常说的孔隙水,一般以符合达西定律的层流运动的形式存在。含水层的水完全有必要进行深入的研究,尤其是以重力水和结合水形式存在的浅层滞水,呈岛状、透镜体状分布。与潜水比较难以区分。其不同点可从以下三点来区分,第一,浅层滞水不存在明显的径流和排泄、补给来源这些水文的基本要素特点;第二,浅层滞水在一定时间段内变化大,无规律可言,一般没有连续性地下水位;第三,浅层滞水范围规模较小,来水补充受制于人类活动和气候环境的变化。地下水破坏的解决措施主要是排堵的有机结合。堵,像帷幕灌浆,地下连续墙这一块的措施主要适合于包气带水、潜水或承压水水压不大的地下水;当承压水头很大时,为防止基坑突涌,则采用明排或井点降水等,是在进行相关渗流分析的基础上设计的。

3.1　渗流基本理论

3.1.1　达西定律

　　法国学者达西(H. darcy)在试验基础上,发现地下水在土体孔隙中渗透运动的时候,沿程在土壤渗透阻力的作用下,会发生一定的能量损失。1856年总结归纳出在土壤中的渗透能量损失与水的渗流速度之间的相互关系,揭示了水在土体中的渗透规律,这就是著名的达西定律。

　　H. darcy 在海量的实测数据基础上,分析其土壤中渗流与过水断面以及水头损失三者之间的关系,认为 q 与 A 以及 Δh 成正比,与断面间距成反比。

$$q = KA\frac{\Delta h}{l} = KAi \tag{3-1}$$

或

$$v = \frac{q}{A} = Ki \tag{3-2}$$

式中　i——水力梯度,$i = \Delta h / l$;

　　　K——渗透系数,其值是水力梯度为 1 时水在土壤或其他介质中的渗
　　　　　透速度,cm/s 。

已有的试验和研究结果显示:在水流渗透的速度为某一速度之下时,沿程水头损失与其流速存在线性正相关关系。通常来说,水流在砂质土壤和黏质土壤中的渗透速度都不会太大,因此在这种情况下渗流可以简化为层流状态,渗流此时的运动规律可以认为是符合达西定律的,在渗透速度、水力梯度坐标系中点画渗透速度 v 与水力梯度 i,可以发现二者的关系为线性关系。像含有砂砾石、鹅卵石之类颗粒相对较大的土壤,土壤空隙比较大,当水力梯度较小时,此时的水流速度较小,渗流可简化为层流,此时 v—i 关系可以认为是线性相关关系,近似符合达西定律。而水力梯度增大到一定值时,此时水流速度增大较快,渗流将会变成紊流,其流动形态没有规律可言,此时 v—i 关系不再是线性关系,不再符合达西定律。

3.1.2　渗流连续性方程

基于三维空间的渗流场,空间中每一处的的渗流速度大小和方向都是不相同的,因此可以建立微分方程来反映空间中液体运动的质量守恒关系的连续性方程。

取渗流场的任意一点 $P(x, y, z)$,以 P 为中心点,沿直角坐标轴取一个特征单元体,该单元体为体积为 $\Delta x \Delta y \Delta z$ 的微小的六面体(见图 3-1),在保证该单元体能穿过土壤或其他介质空隙的条件下,此单元体趋向于无穷小。

设 v_x、v_y、v_z 分别为该点在 X、Y、Z 三个方向上的渗流速度。$abcd$ 面中点 $P_1 = \left(x - \dfrac{\Delta x}{2}, y, z \right)$ 。

沿 X 轴方向流入单元体的水量:

$$M_{xi} = \rho v_{x1} = \rho v_x \left(x - \frac{\Delta x}{2}, y, z \right) \Delta y \Delta z \Delta t \tag{3-3}$$

流出:

$$M_{x0} = \rho v_{x2} = \rho v_x \left(x + \frac{\Delta x}{2}, y, z \right) \Delta y \Delta z \Delta t \tag{3-4}$$

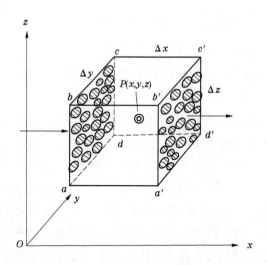

图 3-1　渗流区中的单元体

采用泰勒级数对上式进行展开,二阶导数以上的高次项忽略不计,则有

$$\Delta M_x = M_{xi} - M_{x0} = \left[\rho v_x - \frac{1}{2}\frac{\partial(\rho v_x)}{\partial x}\Delta x\right]\Delta y\Delta z\Delta t -$$

$$\left[\rho v_x + \frac{1}{2}\frac{\partial(\rho v_x)}{\partial x}\Delta x\right]\Delta y\Delta z\Delta t = -\frac{\partial(\rho v_x)}{\partial x}\Delta x\Delta y\Delta z\Delta t \qquad (3\text{-}5)$$

同理

$$\Delta M_y = -\frac{\partial(v_x\rho)}{\partial x}\Delta x\Delta y\Delta z\Delta t \qquad (3\text{-}6)$$

$$\Delta M_z = -\frac{\partial(v_z\rho)}{\partial z}\Delta x\Delta y\Delta z\Delta t \qquad (3\text{-}7)$$

单元体本身水质量在 Δt 时间内的变化量 $\Delta M = \frac{\partial}{\partial t}(\rho n\Delta x\Delta y\Delta z)\Delta t$, ρ 为液体密度。由质量守恒定律,得到渗流的连续性方程:

$$\Delta M_x + \Delta M_y + \Delta M_z = \Delta M - \qquad (3\text{-}8)$$

$$\left[\frac{\partial(\rho v_x)}{\partial x} + \frac{\partial(\rho v_y)}{\partial y} + \frac{\partial(\rho v_z)}{\partial z}\right]\Delta x\Delta y\Delta z\Delta t = \frac{\partial}{\partial t}(\rho n\Delta x\Delta y\Delta z)\Delta t \qquad (3\text{-}9)$$

或

$$-\operatorname{div}(\rho v)\Delta x\Delta y\Delta z = \frac{\partial}{\partial t}(\rho n\Delta x\Delta y\Delta z) \qquad (3\text{-}10)$$

上式即为非稳定流的渗流连续方程,从方程中可以发现渗流场中含水层流入和流出任意体积含水层中的水质量之差是和该体积含水水层中水的变化量相等的。从上式可知:渗流场内所有区域都是满足物质守恒定律的。

当把含水层视为不变形体,也就是说 $\rho = \text{constant}$,n 保持为一个常数,这时认为水体和周边土壤媒介不存在弹性变形,此时含水层中的渗流为层流,可推导出下面的方程。

$$\text{div}(v) = \frac{\partial v_x}{\partial x} + \frac{\partial v_y}{\partial y} + \frac{\partial v_z}{\partial z} = 0 \tag{3-11}$$

式(3-11)体现出了体积守恒这一概念,也就是说在同一时间内单元体的流入和流出水的体积是相同的。

连续性方程是研究地下水运动的基本方程,现在基于连续性方程和反映质量守恒定律的方程建立了很多用于研究地下水运动的微分方程。

3.1.3　渗流微分方程

数值模拟计算前,做如下假定:

(1)单元体体积趋向于无穷小,所处环境为受压力的承压水层。

(2)水流服从达西定律。

(3)K 不因 $\rho = \rho(p)$ 的变化而变化。

(4)s 和 K 不随 n 的变化而变化。

根据上面的 4 条假定,可建立含水层地下水动力方程,建立过程如下:

(1)沿 x 方向运动的一维偏微分方程。

在 Δt 时间内,上、下游流入、流出单元体的水量差为

$$\left(q - \frac{\partial q}{\partial x}\frac{\Delta x}{2}\right)\Delta t - \left(q + \frac{\partial q}{\partial x}\frac{\Delta x}{2}\right)\Delta t =$$

$$-\frac{\partial q}{\partial x}\Delta x \Delta t = -\frac{\partial(v_x H)}{\partial x}\Delta x \Delta t \tag{3-12}$$

该段时间内,y 方向补充的水量为 $W\Delta x \Delta t$,因此时段内总的变化水量为

$$\left[-\frac{\partial(v_x H)}{\partial x} + W\right]\Delta x \Delta t$$

含水层水量的变化是引起潜水面起伏的原因,设其变化的速率为 $\frac{\partial H}{\partial t}$,则在 Δt 时段内,潜水面的起伏量引起的小土体内的水体积的增量为 $\mu \frac{\partial H}{\partial t}\Delta x \Delta t$,

则有 $\left[-\dfrac{\partial(v_x h)}{\partial x} + W\right]\Delta x \Delta t = \mu \dfrac{\partial H}{\partial t}\Delta x \Delta t$。将 $v_x = -K\dfrac{\mathrm{d}h}{\mathrm{d}x}$ 代入上面的公式,可以

得到 Boussinesq 方程,该方程是考虑了入渗补给的一维非稳定流方程,具体表达式为

$$\frac{\partial}{\partial x}\left(h\frac{\partial H}{\partial x}\right) + \frac{W}{K} = \frac{\mu}{K}\frac{\partial H}{\partial t} \tag{3-13}$$

式中　K、μ——含水层的渗透系数、给水度;

　　　　W——含水层单位时间、单位面积上的垂向补排量,补给为正,排泄为负。

(2)潜水二维流方程。

如果含水层均质,Boussinesq 方程可以写为

$$\frac{\partial}{\partial x}\left(h\frac{\partial H}{\partial x}\right) + \frac{\partial}{\partial y}\left(h\frac{\partial H}{\partial y}\right) + \frac{W}{K} = \frac{\mu}{K}\frac{\partial H}{\partial t} \tag{3-14}$$

式中 $h = H - Z$,$Z = 0$ 时,$h = H$。

如果含水层不是各向均质,Boussinesq 方程可以写为

$$\frac{\partial}{\partial x}\left(Kh\frac{\partial H}{\partial x}\right) + \frac{\partial}{\partial y}\left(Kh\frac{\partial H}{\partial y}\right) + W = \mu\frac{\partial H}{\partial t} \tag{3-15}$$

上述潜水基本微分方程推导是基于上述 4 点假定推导出来的,推导过程中没有考虑水体的弹性变形,与承压水非稳定方程推导选取的是趋于无穷小的单元体不一样,上述方程选取的单元体是包含整个含水层厚度在内的土体。因此,通过潜水运动基本方程得到的计算值,只是表征该点所在的整个含水层厚度上水头的平均值,无法计算同一垂直剖面上不同点的水头变化情况。

(3)潜水三维流方程。

没有上面的假定时,Boussinesq 方程一般可写为

$$\frac{\partial}{\partial x}\left(K\frac{\partial H}{\partial x}\right) + \frac{\partial}{\partial y}\left(K\frac{\partial H}{\partial y}\right) + \frac{\partial}{\partial z}\left(K\frac{\partial H}{\partial z}\right) = \mu_s\frac{\partial H}{\partial t} \tag{3-16}$$

上述公式中右边项为储水率而不是认为的给水度,这是因为没有上面假定条件下,位于渗流空间场内部的微小单元体,内部水体储存变化量,只存在弹性释水这一形式,不存在疏干排水,由此推出的非稳定运动微分方程与承压水非稳定运动微分方程在方程式的表达上是相同的。没有上面的假定情况下,地下水非稳定运动的特点由边界条件决定。

对于各向异性介质,坐标轴方向同主方向,有

$$\frac{\partial}{\partial x}\left(K_{xx}\frac{\partial H}{\partial x}\right) + \frac{\partial}{\partial y}\left(K_{yy}\frac{\partial H}{\partial y}\right) + \frac{\partial}{\partial z}\left(K_{zz}\frac{\partial H}{\partial z}\right) = \mu_s\frac{\partial H}{\partial t} \tag{3-17}$$

假设固体骨架是不可压缩的，$\mu_s = 0$，同时假设忽略水的压缩性，即 $\rho =$ 常数，有

$$\frac{\partial}{\partial x}\left(K\frac{\partial H}{\partial x}\right) + \frac{\partial}{\partial y}\left(K\frac{\partial H}{\partial y}\right) + \frac{\partial}{\partial z}\left(K\frac{\partial H}{\partial z}\right) = 0 \tag{3-18}$$

或

$$\frac{\partial}{\partial x}\left(K_{xx}\frac{\partial H}{\partial x}\right) + \frac{\partial}{\partial y}\left(K_{yy}\frac{\partial H}{\partial y}\right) + \frac{\partial}{\partial z}\left(K_{zz}\frac{\partial H}{\partial z}\right) = 0 \tag{3-19}$$

（4）潜水稳定运动的微分方程。

当潜水层不存在入渗补给和蒸发损失水量时，此时的微分方程式可写为

$$\frac{\partial}{\partial x}\left(Kh\frac{\partial H}{\partial x}\right) + \frac{\partial}{\partial y}\left(Kh\frac{\partial H}{\partial y}\right) = 0 \tag{3-20}$$

（5）地下水运动基本微分方程的统一形式。

$$\frac{\partial}{\partial x}\left(F\frac{\partial H}{\partial x}\right) + \frac{\partial}{\partial y}\left(F\frac{\partial H}{\partial y}\right) + W = E\frac{\partial H}{\partial t} \tag{3-21}$$

式中　Z——含水层底板标高。

$$F = \begin{cases} T = KM & （在承压含水层区） \\ Kh = K(H-Z) & （在潜水含水层区） \end{cases}$$

$$E = \begin{cases} \mu^* & （在承压含水层区） \\ \mu & （在潜水含水层区） \end{cases}$$

渗流空间场的边界所面临的条件就是常说的边界条件，通常用来表示水头 H（或渗流量 q）在渗流空间场的边界上所需要的条件，这也是渗流空间场内水流与渗流空间场周围条件互相约束的关系。

（1）第一种边界条件（Dirichlet 条件）：如果在某一部分边界（设为 S_1 或 Γ_1）上，各点在每一时刻的水头都是已知的，则这部分边界就称为第一类边界或给定水头的边界，表示为

$$H(x,y,z,t)\,|_{S_1} = \varphi(x,y,z,t), \quad (x,y,z) \in S_1 \tag{3-22}$$

或

$$H(x,y,z,t)\,|_{\Gamma_1} = \varphi(x,y,t), \quad (x,y) \in \Gamma_1 \tag{3-23}$$

定水头边界不要求就是给定的水头边界。

（2）第二种边界条件（Neumam 条件）：设边界（S_2/Γ_2）其单位面积或者单

位宽度上流入 q 个流量的情况下,定义为第二类边界。此时的边界条件可写为

$$K \frac{\partial H}{\partial n}\bigg|_{S_2} = q_1(x,y,z,t), \quad (x,y,z,t) \in S_2 \tag{3-24}$$

或

$$T \frac{\partial H}{\partial n}\bigg|_{\Gamma_2} = q_1(x,y,t), \quad (x,y) \in \Gamma_2 \tag{3-25}$$

(3)第三类边界条件:已知 H 和 $\frac{\partial H}{\partial n}$ 的线性关系,可写为

$$\frac{\partial H}{\partial n} + \alpha H = \beta \tag{3-26}$$

又称混合边界条件, α, β 为已知函数。

在弱透水条件下设土壤的渗透系数为 K_1,承压水层厚度为 m_1, $\sigma' = \frac{m_1}{K_1}$,有

$$K \frac{\partial H}{\partial n}\bigg| = \frac{K_1}{m_1}(H_n - H) = q(x,y,z,t)$$

在 S_3 上,

$$K \frac{\partial H}{\partial n}\bigg|_{S_3} - \frac{H_n - H}{\sigma'} = 0 \tag{3-27}$$

在 Γ_3 上,

$$T \frac{\partial H}{\partial n}\bigg|_{\Gamma_3} - M \frac{H_n - H}{\sigma'} = 0 \tag{3-28}$$

浸润曲线的边界条件:

$$K \frac{\partial H}{\partial n}\bigg|_{c_2} = q \tag{3-29}$$

可知浸润曲线的下降趋势区域,从此曲线交接处流入计算区域的单位面积流量 q 为

$$q = \mu \frac{\partial H^*}{\partial t}\cos\theta \tag{3-30}$$

式中 μ ——给水度;

θ ——浸润曲线外法线与铅垂线间的夹角。

初始条件:某一选定的初始时刻($t = 0$)渗流区内水头 H 的分布情况。

$$H(x,y,z,t)\mid_{t=0} = H_0(x,y,z), \quad (x,y,z) \in D \tag{3-31}$$

或

$$H(x,y,t)\mid_{t=0} = H_0(x,y), \quad (x,y,z) \in D \tag{3-32}$$

其中，H_0 为 D 上的已知函数。

3.2　求解方法

工程降水计算的主要求解方法有以下几种。

3.2.1　解析法

解析法是通过对偏微分方程的积分，紧接着将边界条件代入，最后求解一个能反映水头变化规律的数学表达式。所求的解析解是一个能满足基本偏微分方程和边界条件的函数表达式，而且还能反映其与水头变化的关系。解析解相对而言实用性比较差，它仅在性质简单的偏微分方程和边界条件规则的基础上才可求得精确解。现阶段，若要求得渗流问题的解析解，理想边界条件是一个必不可少的前提。

3.2.2　有限单元法

有限单元法以极值原理为基础，从而实现求解偏微分方程和求极值之间的转化。利用有限单元法进行水文地质相关计算，是把求解区域分割成若干个单元，然后在曲面上通过单元函数或平面总体函数取极值，进而求解关于地下水运动物理量的总体函数。有限单元法同时具备变分法的优点和差分法的灵活性，是一种最为有效的数值计算方法。

有限单元法是现在用来解决渗流问题常见的数值计算方法，有限差分法面世相对较早，有限单元法在计算机科学技术的支持下日益进步，在渗流数值计算领域中的应用越来越多，尤其是在复杂渗流工程问题的计算中有着明显的长处，渗流问题有限单元法的基本概念如下。

有限单元法中研究的渗流一般指饱和土中的渗流，同时认为渗流过程中土的孔隙是保持常数值的，也就是土壤渗透系数不随时间改变。由前面章节可知三维渗流控制方程可写成：

$$K_x \frac{\partial^2 h}{\partial x^2} + K_y \frac{\partial^2 h}{\partial y^2} + K_z \frac{\partial^2 h}{\partial z^2} = 0 \tag{3-33}$$

在复杂的边界条件下由式(3-33)没有办法进行直接的数值求解,因此在数值求解计算前,需要确定好有关 h 的泛函数,求解此泛函数的极小值,极小值就是该边界条件下的数值解,求解过程就是一个变分的过程。

三维渗流情况下,设沿 x 方向,$\mathrm{d}t$ 时间段内,外力在单位质量流体上所做的功(单元流体做的功如图 3-2 所示)的增量为

$$\mathrm{d}A_x = -\mathrm{d}q_x\mathrm{d}h_x^*\tag{3-34}$$

$\mathrm{d}h_x^*$ 的微分可以写成如下形式:

$$\mathrm{d}h_x^* = \frac{\partial h^*}{\partial x}\mathrm{d}x\tag{3-35}$$

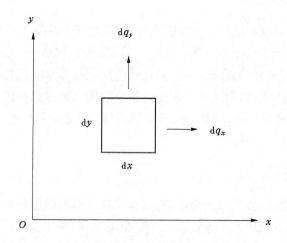

图 3-2 单元流体做的功

则

$$\mathrm{d}A_x = -\mathrm{d}q_x\frac{\partial h^*}{\partial x}\mathrm{d}x\tag{3-36}$$

由 $q_x = -K_x\dfrac{\partial h^*}{\partial x}\mathrm{d}y$ 可得 $-\dfrac{\partial h^*}{\partial x} = \dfrac{q_x}{K_x\mathrm{d}y}$,代入式(3-36),整理后得

$$\mathrm{d}A_x = \frac{\mathrm{d}x}{K_x\mathrm{d}y}q_x\mathrm{d}q_x\tag{3-37}$$

到时间 t_0 外力所做的总功为

$$A_x = \frac{\mathrm{d}x}{K_x\mathrm{d}y}\int_0^{Q_x}q_x\mathrm{d}q_x = \frac{\mathrm{d}x}{K_x\mathrm{d}y}\frac{Q_x^2}{2}\tag{3-38}$$

Q_x 是在某时间 t_0 内,水头为 h 时的总渗流量,即

$$Q_x = -K_x \frac{\partial h}{\partial x} \mathrm{d}y \tag{3-39}$$

则

$$A_x = \frac{K_x}{2} \left(\frac{\partial h}{\partial x} \right)^2 \mathrm{d}x\mathrm{d}y \tag{3-40}$$

单位体积外力所做的功为

$$a_x = \frac{K_x}{2} \left(\frac{\partial h}{\partial x} \right)^2 \tag{3-41}$$

由于外力做功等于土体内存储的能量,设渗流的能量密度为 ω_x、ω_y ,则

$$\omega_x = -a_x = -\frac{K_x}{2} \left(\frac{\partial h}{\partial x} \right)^2 \tag{3-42}$$

$$\omega_y = -a_y = -\frac{K_y}{2} \left(\frac{\partial h}{\partial y} \right)^2 \tag{3-43}$$

同样,在某一渗流域 Ω 中,忽略流体的可压缩性,其渗流能的表达式为

$$I(h) = \iint\limits_{\Omega} \frac{1}{2} \left[K_x \left(\frac{\partial h}{\partial x} \right)^2 + K_y \left(\frac{\partial h}{\partial y} \right)^2 + K_z \left(\frac{\partial h}{\partial z} \right)^2 \right] \mathrm{d}x\mathrm{d}y\mathrm{d}z \tag{3-44}$$

$I(h)$ 是一个泛函,求其极小值,对应的 $h(x,y)$ 就是式(3-33)的解。

3.2.3　渗流场的离散与插值函数

将渗流空间场按一定方法划分出有限个单元,任意一个单元 $ijmn$ 内,采用线性插值计算随意选取的某一点的水头 $h(x,y,z)$ 。

$$h(x,y,z) = a_1 + a_2 x + a_3 y + a_4 z \tag{3-45}$$

式(3-45)中的四个常数 a_1、a_2、a_3、a_4 可由节点在直角坐标系中的坐标和水头值确定。单元内所有点的水头写为矩阵形式:

$$h = \begin{bmatrix} N_i & N_j & N_m & N_n \end{bmatrix} \begin{Bmatrix} h_i \\ h_j \\ h_m \\ h_n \end{Bmatrix} = [N] \{h\}^e \tag{3-46}$$

式中 N 称作形函数,一般可以写为

$$N_i = (a_i + b_i x + c_i y + d_i z)/6V \tag{3-47}$$

$$N_j = (a_j + b_j x + c_j y + d_j z)/6V \qquad (3\text{-}48)$$

$$N_m = (a_m + b_m x + c_m y + d_m z)/6V \qquad (3\text{-}49)$$

$$N_n = (a_n + b_n x + c_n y + d_n z)/6V \qquad (3\text{-}50)$$

式(3-47)~式(3-50)中的系数 a、b、c、d 和体积 V 都是节点坐标 x、y、z 的函数,其表达式为

$$a_i = \begin{vmatrix} x_j & y_j & z_j \\ x_m & y_m & z_m \\ x_n & y_n & z_n \end{vmatrix} \qquad (3\text{-}51)$$

$$b_i = - \begin{vmatrix} 1 & y_j & z_j \\ 1 & y_m & z_m \\ 1 & y_n & z_n \end{vmatrix} \qquad (3\text{-}52)$$

$$c_i = - \begin{vmatrix} x_j & 1 & z_j \\ x_m & 1 & z_m \\ x_n & 1 & z_n \end{vmatrix} \qquad (3\text{-}53)$$

$$d_i = - \begin{vmatrix} x_j & y_j & 1 \\ x_m & y_m & 1 \\ x_n & y_n & 1 \end{vmatrix} \qquad (3\text{-}54)$$

其他系数为三个点坐标值的轮换值。三角形的面积为

$$V = \frac{1}{6} \begin{vmatrix} 1 & x_i & y_i & z_i \\ 1 & x_j & y_j & z_j \\ 1 & x_m & y_m & z_m \\ 1 & x_n & y_n & z_n \end{vmatrix} \qquad (3\text{-}55)$$

3.2.4　单元渗流矩阵和整体平衡方程

将式(3-46)~式(3-55)代入式(3-44)的泛函数方程,并对单元结点水头

求泛函的微商,可得到下式:

$$\left\{\frac{\partial I(h)}{\partial h}\right\}^e = [K]^e\{h\}^e + [P]^e\left\{\frac{\partial h^*}{\partial t}\right\}^e \tag{3-56}$$

将式(3-56)中各单元泛函进行合适的微商运算使得其值等于零后,进行极小值计算,可得:

$$\frac{\partial I(h)}{\partial h_i} = \sum_e \frac{\partial I(h)^e}{\partial h_i} = 0 \quad (i = 1,2,3,\cdots,n) \tag{3-57}$$

需要注意的是,由于特定的某一结点 i 只有当与其相连的结点值出现,而且系数中也只有相邻的单元时才有贡献,对全部单元求和计算,也就等同于对环绕结点 i 周边所有单元求和。式(3-57)只对于未知结点存在,变分计算是不适合已知结点的,在划分单元的流场过程中需要特别留意。可见,式(3-57)表述的线性方程组的方程个数与未知结点的数 n 是相等的。作为自由项的已知的结点值是其在各方程中的存在形式。上述方程组可以写成如下矩阵形式:

$$[K]\{h\} + [P]\left\{\frac{\partial h^*}{\partial t}\right\} + \{F\} = 0 \tag{3-58}$$

式中　$\{F\}$——所有已知结点的常数项的列向量所形成的整体矩阵,与结构有限元中的荷载项类似。

式(3-58)中的矩阵 $[P]$,在稳定渗流情况下等于零,因此式(3-58)可写为

$$[K]\{h\} + \{F\} = 0 \tag{3-59}$$

式中　$[K]$——$n \times n$ 的矩阵;

　　　$\{h\}$——未知结点水头列向量;

　　　$\{F\}$——常数列向量。

在式(3-58)中,矩阵中各项系数为对各单元求和,即

$$\left.\begin{aligned} K_{ij} &= \sum_{e=1}^{m} K_{ij}^e \\ P_{ij} &= \sum_{e=1}^{k} P_{ij}^e \\ F_i &= \sum_{e=1}^{m} F_i^e \end{aligned}\right\} \tag{3-60}$$

式中　K_{ij}、P_{ij}——渗流单元中的矩阵中对应的行列元素；

　　K_{ij}^e、P_{ij}^e——对应的行列编号。

3.3　有自由面渗流问题固定网格求解的结点虚流量法

3.3.1　固定网格结点虚流量法

软土基坑中地下水以承压水形式存在的情况较少，自身重力是影响地下水在土壤中运动的重要因素，其形成的渗流场存在一个无压的渗流自由面，由于在使用有限元数值仿真计算之前，对于浸润线和渗流逸出线（点）的确切位置不能确定，该问题的求解尤其复杂。

一般而言，采用常规算法计算存在渗流自由面的无压渗流场工程问题时，其通常采用的计算步骤是：

（1）明确渗流空间场的规模，以最大可能减少边界条件对计算域的影响为原则，同时充分考虑降排水对工程的影响。

（2）单元网格划分。

（3）基于中间过程解值，看其是否能反映之前确定的计算区域的大小，如果不能正确地反映计算域的大小，则需要重新进行修正以及假设；重复上述过程，一直到能满足实际工程需要达到的精度。该计算过程需要巨量的试算工作，并且十分复杂，还有可能无法得到最佳的解值。

要使常规算法也能确保得到问题的最优优解，提高常规算法的计算效率，参考文献，本书通过固定网格求解的结点虚流量法提出这个问题的一种解决方法。

采用式(3-39)求解泛函数和有限元法方程组（取 $Q=0$），不需要进行大量的迭代求解就可以求得已知的渗流场水头的解值。

浸润线位置、渗流域实际大小及逸出面大小在实际降排水工程中都是不清楚的，可见实际降排水工程中的边界问题不是线性问题而是一个复杂的非线性问题，可采用下式通过迭代计算的手段来求解。

$$[K]\{h\} = \{Q\} - \{Q_2\} + \{\Delta Q\} \tag{3-61}$$

式中　$[K]$、$\{h\}$ 和 $\{Q\}$——计算区域的总传导矩阵、结点水头列阵和结点等效流量列阵；

　　$\{Q_2\}$——渗流虚域的结点等效流量列阵；

　　$\{\Delta Q\}$——渗流虚域中虚单元和过渡单元所贡献的结点虚流量列阵，$\{\Delta Q\} = [K_2]\{h\}$。

3.3.2　虚单元及过渡单元的处理

　　结点等效流量项$\{Q_2\}$和结点虚流量项$\{\Delta Q\}$可以用来对虚单元以及过渡单元的虚流量的辨别和消除。实际工程结果表明，渗流虚域Ω_2过大时会影响上式求解时的收敛速度，保证解迭代求解结果的准确性，在计算中间过程中，要尽可能地去除无用的虚单元；另外，还需要在自有水面附近预留一定范围的虚区。计算这些单元的传导矩阵时要不断地修正以解决这个问题。具体的计算过程为：

　　(1)在高度方向上可以增加一定量的过渡单元的高斯积分点。

　　(2)在计算单元传导矩阵时当积分点的压力水头为负时不积分，将该过渡单元作为实单元对待。

　　与前人研究成果对比分析可得：对过渡单元的数值处理来说，理论分析和实际的计算结果二者都是一样的，不仅计算过程简单而且准确，迭代计算出来的近似解，其精度能很好地满足实际降水工程的要求。

3.3.3　可能渗流逸出面的处理

　　对于无压自由渗流空间场中的逸出面而言，事先是无法确定的，渗流场计算分析的时候，一般采用两种方法来处理渗流逸出面：

　　(1)设已知水头的第一类边界条件为整个可能渗流溢出面，计算该边界面上的上各个研究节点处的渗流水量，将此值作为下一次迭代计算的已知值，对于不符合第一边界要求的节点，将其划分为虚拟节点用于下一步的迭代计算。

　　(2)根据边界条件和水头的验证条件，可假定出不透水的边界条件，迭代求解水头，对比水头与渗流溢出面的高度，如果水头值小，那就是节点位于渗流溢出面，如果水头值大，那就位于虚溢出面。

3.4 渗流量计算及渗流场参数反演分析

对式(3-59)所列的多元联立方程组进行求解计算,可以分别计算出每一个单元结点的水头 h_i,结合式(3-46)就能计算出单元区域内所有点的水头值。渗流场水头分布计算出来以后,任意断面在给定时间段通过的渗流量就可以计算出来。

基于提高渗流量计算精度的目的,本书的计算选取了达西渗流量计算中的"等效结点流量法"来提高计算的精度,改进后的方法的计算精度与渗流场水头求解方法所计算的精度一致,具体见式(3-62):

$$Q_s = - \sum_{i=1}^{n} \sum_{e} \sum_{j=1}^{m} K_{ij}^e h_j^e \tag{3-62}$$

式中 n——过水断面 S 上的总结点数;

$\sum\limits_{e}$——对计算域中位于过水断面 S 一侧的那些环绕结点 i 的所有单元求和;

m——单元结点数;

K_{ij}^e——单元 e 的传导矩阵 $[K^e]$ 中第 i 行 j 列交叉点位置上的传导系数;

h_j^e——单元 e 上第 j 个结点的总水头值。

上述计算方法巧妙地避开了渗流空间场中有关水头函数的微分运算部分,很大程度上改进了达西渗流量的计算精度,上述方法把通过单元体某一过流断面 S 的渗流量 Q_s 写成相关单元结点水头与单元传导矩阵传导系数的乘积的代数和,这就很好地解决了渗流量计算精度不太好这一困扰降排水工程的难点问题。

遗传算法借鉴生物的遗传和进化,是模拟生物在自然环境中的遗传和进化过程而形成的一种自适应全局优化概率的搜索算法。它最早由美国密执安大学的 Holland 教授提出,起源于 20 世纪 60 年代对自然和人工自适应系统的研究;70 年代 De Jong 基于遗传算法的思想在计算机上进行了大量的纯数值函数优化计算实验;在一系列研究的基础上,80 年代由 Goldberg 进行归纳总结,形成了遗传算法的基本框架。

3.4.1 遗传算法原理

遗传算法(Genetic Algorithm)基于自然选择和群体遗传机制,模拟了自然选择和遗传过程中发生的繁殖、杂交和变异现象。它把适者生存原则和结构化及随机化的信息交换结合在一起,形成了具有某些人类智能的特征,这正好能很好地克服传统计算结构可靠指标等方法的不足。在利用遗传算法求解问题时,问题的每个可能的解都被编码成一个"染色体",即个体,若干个个体构成了群体,即所有可能解。在遗传算法开始时,随机产生一些个体,根据预定的目标函数对每个个体进行评价,给出了一个适应度值。根据适应度值来选择个体复制下一代。选择操作体现出"适者生存"原理,"好"的个体被选择用来复制,而"坏"的个体则被淘汰。然后选择出来的个体经过交叉和变异算子进行再组合生成新的一代。这一代新群体继承了上一代群体的一些优良性状,因而要优于上一代,这样就逐步朝着更优解的方向进化。因此,遗传算法是一个由可行解组成的群体逐代进化的过程。

遗传算法主要包括编码、构造适应度函数、染色体的结合等,其中染色体的结合包括选择算子、交叉算子、变异算子等运算。

3.4.1.1 编码

编码是应用遗传算法时要解决的首要问题,也是设计遗传算法时的一个关键步骤。遗传算法常用的编码方法有三种,即二进制编码、格雷编码和浮点编码。本书采用浮点数编码方法,它是指个体的每个基因值用某一范围内的一个浮点数来表示,个体的编码长度等于其决策变量的个数。在达到同等精度要求的情况下,浮点制编码长度远小于二进制编码和格雷编码,并且使用的是变量的真实值,无须数据转换,便于运用。

3.4.1.2 初始化过程

设 n 为初始种群数目,随机产生 n 个初始染色体。对于一般反分析问题,很难给出解析的初始染色体,通常采用以下方法:给定的可行集 $\phi = \{(\phi_1, \phi_2, \cdots, \phi_m) \mid \phi_k \in [a_k, b_k], k = 1, 2, \cdots, m\}$,其中,$m$ 为染色体基因数,即本书中的反分析参数个数,$[a_k, b_k]$ 是向量$(\phi_1, \phi_2, \cdots, \phi_m)$ 第 k 维参变量 ϕ_k 的限制条件。在可行集 ϕ 中选择一个合适内点 V_0,并定义大数 M,在 R^m 中取一个随机单位方向向量 D,即 $\|D\| = 1$,记 $V = V_0 + MD$,若 $V \in \phi$,则 V 为一合格的染色体,否则置 M 为 0 和 M 之间的一个随机数,直至 $V \in \phi$。重复上述过程 n 次,

获取 n 个合格的初始染色体 $V_1, V_2, \cdots, V_n$。

3.4.1.3　构造适应度函数

构造适应度函数是遗传算法的关键,应引导遗传进化运算向获取优化问题的最优解方向进行。本书建立基于序的适应度评价函数,种群按目标值进行排序,适应度仅仅取决于个体在种群中的序位,而不是实际的目标值。排序方法克服了比例适应度计算的尺度问题,即当选择压力(最佳个体选中的概率与平均选中概率的比值)太小时,易导致搜索带迅速变窄而产生过早收敛,再生范围被局限。排序方法引入种群均匀尺度,提供了控制选择压力的简单有效的方法。

让染色体 $V_1, V_2, \cdots, V_n$ 按个体目标函数值的大小降序排列,使得适应性强的染色体被选择产生后代的概率更大。设 $\alpha \in (0,1)$,定义基于序的适应度评价函数:

$$eval(V_i) = \alpha(1-\alpha)^{i-1}, \quad i = 1,2,\cdots,n \tag{3-63}$$

3.4.1.4　选择算子

本书采用比例选择算子,该算子是一种随机采样方法,以旋转赌轮 n 次为基础,每次旋转都可选择一个体进入子代种群,父代个体 V_i 被选择的概率 p_i 为

$$p_i = eval(V_i) \Big/ \sum_{i=1}^{n} eval(V_i) \tag{3-64}$$

由式(3-64)可见,适应度越高的个体被选中的概率就越大,具体操作过程如下:

(1)计算累积概率 P_I, $P_I = \sum_{i=1}^{I} p_i, i = 1,2,\cdots,I, \quad I \in [1,n], \quad P_0 = 0$。

(2)从区间(0,1)产生一个随机数 θ。

(3)若 $\theta \in (P_{I-1}, P_I]$,则 V_I 进入子代种群。

(4)重复步骤(2)~(3)共 n 次,从而得到子代种群所需的 n 个染色体。

3.4.1.5　交叉算子

交叉算子是使种群产生新个体的主要方法,其作用是在不过多破坏种群优良个体的基础上,有效产生一些较好个体。本书采用线性交叉的方式,依据交叉概率 P_c 随机产生父代个体,并两两配对,对任一组参与交叉的父代个体 (V_i^t, V_j^t),产生的子代个体 (V_i^{t+1}, V_j^{t+1}) 为

$$\left. \begin{array}{l} V_i^{l+1} = \lambda V_j^l + (1 - \lambda) V_i^l \\ V_j^{l+1} = \lambda V_i^l + (1 - \lambda) V_j^l \end{array} \right\} \tag{3-65}$$

式中　λ——进化变量,由进化代数决定,$\lambda \in (0,1)$;

　　　l——进化代数。

3.4.1.6　变异算子

变异算子的主要作用是改善算法的局部搜索能力,维持种群的多样性,防止出现早熟现象,本书采用非均匀算子进行种群变异运算。依据变异概率 P_m 随机参与变异的父代个体 $V_i^l = (V_1^l, V_2^l, \cdots, V_m^l)$,对每个参与变异的基因 V_k^l,若该基因的变化范围为 $[a_k, b_k]$,则变异基因值 V_k^{l+1} 由下式决定:

$$V_k^{l+1} = \begin{cases} V_k^l + f(l, b_k - \delta_k), \text{rand}(0,1) = 0 \\ V_k^l + f(l, \delta_k - a_k), \text{rand}(0,1) = 1 \end{cases} \tag{3-66}$$

式中　$\text{rand}(0,1)$——以相同概率从 $\{0,1\}$ 中随机取值;

　　　δ_k——第 k 个基因微小扰动量;

　　　$f(l,x)$——非均匀随机分布函数,按式(3-67)定义。

$$f(l,x) = x(1 - y^{\mu(1 - l/L)}) \tag{3-67}$$

式中　x——分布函数参变量;

　　　y——$(0,1)$ 区间上的随机数;

　　　μ——系统参数,本书取 $\mu = 2.0$;

　　　l——允许最大进化代数。

3.4.2　加速遗传算法(AGA)

遗传算法从可行解集组成的初始种群出发,同时使用多个可行解进行选择、交叉和变异等随机操作,使得遗传算法在隐含并行多点搜索中具备很强的全局搜索能力。也正因为如此,基本遗传算法(BGA)的局部搜索能力较差,对搜索空间变化适应能力差,并且易出现早熟现象。为了在一定程度上克服上述缺陷,控制进化代数,降低计算工作量,需要引入加速遗传算法(Accelerating Genetic Algorithm)。加速遗传算法是在基本遗传算法的基础上,利用最近两代进化操作产生的 NA 优秀个体的最大变化区间重新确定基因的限制条件,重新生成初始种群,再进行遗传进化运算。如此循环,可以进一步充分利用进化迭代产生的优秀个体,快速压缩初始种群基因控制区间的大小,提高遗传算法的运算效率。

3.4.3　改进加速遗传算法(IAGA)

加速遗传算法(AGA)和基本遗传算法(BGA)相比,虽然进化迭代的速度和效率有所提高,但并没有从根本上解决算法局部搜索能力低及早熟收敛的问题,另外,基本遗传算法及加速遗传算法都未能解决存优的问题。因此,改进的加速遗传算法(Improved Accelerating Genetic Algorithm, IAGA)被提了出来,改进遗传算法的核心,一是按适应度对染色体进行分类操作,分别按比例 x_1、x_2、x_3 将染色体分为最优染色体、普通染色体和最劣染色体,$x_1 + x_2 + x_3 = 1$,一般 $x_1 \leqslant 5\%$,$x_2 \leqslant 85\%$,$x_3 \leqslant 10\%$,取值和进化代数 l 有关,最优染色体直接复制,普通染色体参与交叉运算,最劣染色体参与变异运算,从而产生拟子代种群,这主要解决存优问题及提高算法的局部搜索能力;二是引入小生境淘汰操作,先将分类操作前记忆的前 NR 个体和拟子代种群合并,再对新种群两两比较海明距离,令 $NT = NR + \text{pop\_size}$ 定义海明距离:

$$s_{ij} = \| V_i - V_j \| = \sqrt{\sum_{k=1}^{m} (V_{ik} - V_{jk})^2} \quad i = 1, 2, \cdots, NT - 1; j = i + 1, \cdots, NT$$

$$(3-68)$$

设定 S 为控制阈值,若 $s_{ij} < S$,比较 $\{V_i, V_j\}$ 个体间适应度大小,对适应度较小的个体处以较大的罚函数,极大地降低其适应度,这样受到惩罚的个体在后面的进化过程中被淘汰的概率极大,从而保持种群的多样性,消除早熟收敛现象。

另外,本书对通常的种群收敛判别条件提出改进,设第 l 和 $l + 1$ 代运算并经过优劣降序排列后前 NS 个(一般取 $NS = (5\% \sim 10\%) \cdot \text{pop\_size}$)个体目标函数值分别为 $f_1^l, f_2^l, \cdots f_{NS}^l$ 和 $f_1^{l+1}, f_2^{l+1}, \cdots f_{NS}^{l+1}$,记:

$$EPS = n_1 \tilde{f}_1 + n_2 \tilde{f}_2 \qquad (3-69)$$

式中　　n_1——同一代种群早熟收敛指标控制系数;

n_2——不同进化代种群进化收敛控制系数;

$$\tilde{f}_1 = \left| NSf_1^{l+1} - \sum_{j=1}^{NS} f_j^{l+1} \right| / (NSf_1^{l+1})$$

$$\tilde{f}_2 = \sum_{j=1}^{NS} \left| (f_j^{l+1} - f_j^l) / f_j^{l+1} \right|$$

3.5　试验验证分析

3.5.1　抽水试验

3.5.1.1　试验概况

试验区域为黏性土均一结构,渠底板位于黄土状轻壤土中(Q_4^{al}、Q_3^{al}),渠坡由黄土状轻壤土、粉(细)砂、沙壤土构成,地下水位多临近渠道设计水位。

1.试验布置

抽水试验采用多孔抽水试验,试验布置如图 3-3 所示。抽水井井深 25.0 m,垂直于地下水流向共布置 3 个观测井,距抽水井距离分别为 5 m、20 m 和 50 m,平行于地下水流向布置一观测井,距抽水井距离为 71.8 m,抽水井和观测井深度须穿过渠底板以下不少于 15 m,井径为 400 mm,过滤器为无砂混凝土透水井管。以进入渠道底板高程以下不少于 15.0 m 为原则。

抽水试验主井和观测井均采用小型打井机,三翼合金钻头稀浆正循环钻进,一次成孔,成孔直径不小于 500 mm(实际钻孔直径是 750 mm)。

2.抽水试验准备

1)井管安装

抽水井井管采用无砂混凝土管,单节长度 1 m,井管外径 500 mm,内径 400 mm,每节无砂管外包裹 2 层 100 目的滤网,井管的对接端头采用 350 g/m² 的土工布包裹,以防从接头处进入泥渣,井管外侧等角度捆绑 3~4 根竹片进行加固,保证井管的整体性。用硬木托盘和钢丝绳下管,沿管壁每隔 2 m 设导向木一组。

2)滤料回填

混凝土管下入孔内后,开始回填滤料,滤料采用优质豆石和石英砂混合料。滤料填至地面 2 m 位置后采用黏土封口,孔口顶部高出周边地面 10~20 cm,防外部水流入井内。

3)洗井

滤料填充完毕后,立即采用潜水泵洗井,并辅以活塞抽拉直至出水清净。

3.抽水试验设备安装

(1)抽水设备采用潜水泵,潜水泵的出水量应能满足最大降深的需要,潜

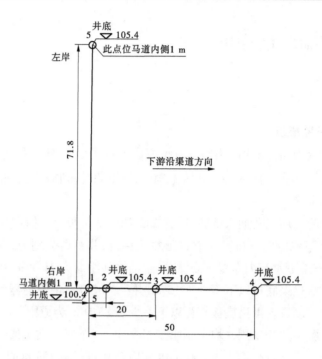

图 3-3　抽水试验布置　（单位：m）

水泵下至最大降深以下 2 m 左右,在抽水井井口附近设置一个三通装置来控制回水,通过三通调节控制各个降深的流量。

(2)流量测量采用三角流量堰,流量堰应安置于稳固的基础上,保持水平,在流量堰内侧堰口两侧设置固定的堰水位标尺。

(3)水位观测采用电测水位计,抽水井及四个观测孔各有一套电测水位计,安排专人随时观测水位变化。为了避免抽水井中水跃现象对水位观测的影响,在抽水井一侧滤料中安装测压管进行水位观测。

3.5.1.2　试验结果及分析

1.试验结果

抽水试验开始前观测抽水井及观测孔的静止稳定水位,静水位观测应每30 min 观测一次,2 h 内变幅不大于 2 cm,且无连续上升或下降趋势时,即可视为稳定。

抽水试验观测结果见表 3-1。

表 3-1　抽水试验观测结果

井深 (m)	含水层岩性	稳定水位 (m)	出水量 Q (m^3/s)	含水层厚度 H (m)	主井降深 S (m)	降深				抽水井半径 r (m)	第一观测孔距离 r_1 (m)	第二观测孔距离 r_2 (m)	第三观测孔距离 r_3 (m)	第四观测孔距离 r_4 (m)
						第一观测孔降深 S_1 (m)	第二观测孔降深 S_2 (m)	第三观测孔降深 S_3 (m)	第四观测孔降深 S_4 (m)					
25	轻壤土细砂	1.92	0.005 877	18.00	3.36	3.08	2.70	1.66	0.20	0.2	5	20	50	71.8
			0.007 58	18.00	4.77	4.56	3.41	1.91	0.25	0.2	5	20	50	71.8
			0.008 05	18.00	6.08	4.82	4.22	2.61	0.92	0.2	5	20	50	71.8

随着降水井降深逐渐增大，降深分别为 3.36 m、4.77 m、6.08 m，并测得对应取水口流量 0.005 877 m³/s、0.007 58 m³/s、0.008 05 m³/s。试验中均以地面为基准面，在表水层水位高度恒定条件下，单位时间取水量 Q(m³/s) 随着降深高度 S(cm) 的增大而逐渐增大，但当降深达到一定值时，取水量增长速度变缓。由达西定律可知，随着累积取水量的增长，含水层系统内水头不断下降，此时表水层水位与渗流井水头差越大。在地下水径流路径恒定的情况下，水力梯度变大，渗流井对应单位时间取水量也随之增大，因此前期随着降深条件增大，单位时间取水量 Q(m³/s) 不断增大。

从井降深与取水量关系可得，井降深大小是影响渗流井取水量的重要因素，竖井降深不宜过大，否则会导致取水效率的降低。但取水量与竖井降深的计算是受许多因素影响的复杂过程，因此已有的一些水量计算方法都无法准确地得到判断，且每种计算公式都有自身的局限性和适用性，因此根据实际测得的降深与取水量数据进行分析，可以简单地计算。

2. 反演土层参数

抽水试验按照三个降深进行。对各组抽水试验按含水层厚度、试验段长度选用符合实际情况，适用边界条件的不同公式和方法分别对同一个抽水试验进行了比较，通过分析最终选用了较为合理的计算方法计算地质参数。

1）公式法计算水文地质参数

抽水试验为多孔完整井抽水试验，因此渗透系数的计算选用以下公式：

$$K = \frac{0.732Q}{(2H - S_1 - S_2)(S_1 - S_2)} \lg \frac{r_2}{r_1} \qquad (3-70)$$

式中　K——试验岩土层的渗透系数，m/s；

　　　Q——注入流量，m³/s；

　　　H——含水层厚度，m；

　　　S_1、S_2——观测孔降深，m；

　　　r_1、r_2——观测孔距抽水井距离，m。

经过对 3 个降深渗透系数的计算，取其平均值。

对于潜水含水层完整孔可利用恢复水位公式计算渗透系数，即

$$K = \frac{2.3Q}{2\pi(H^2 - h_w^2)} \lg(1 + \frac{t_K}{t_T}) \qquad (3-71)$$

式中　Q——抽水停止前流量，m³/s；

　　　H_w——水位恢复开始时含水层厚度，m；

　　　t_K——抽水开始到停止的总时间，min；

t_T——抽水停止时算起的恢复时间,min。

利用该式计算出的渗透系数为 $3.99 \times 10^{-4}\,\text{cm/s}$。

影响半径的计算选用规范的公式:

$$\lg R = \frac{S_1(2H - S_1)\lg r_2 - S_2(2H - S_2)\lg r_1}{(S_1 - S_2)(2H - S_1 - S_2)} \tag{3-72}$$

式中　R——影响半径,m;

其他符号意义同前。

抽水试验首先选用潜水非完整井多孔公式计算渗透系数,即

$$K = \frac{0.16Q}{l''(S_1 - S_2)} \times \left(\text{arsh}\,\frac{l''}{r_1} - \text{arsh}\,\frac{l''}{r_2}\right) \tag{3-73}$$

式中　$l'' = 10^{-0.5}(S_1 + S_2)$;

其他符号意义同前。

然后采用单孔潜水非完整井公式计算渗透系数,即

$$K = \frac{0.732Q}{S\left(\dfrac{l + S}{\lg \dfrac{R}{r}} + \dfrac{l}{\lg \dfrac{0.66l}{r}}\right)} \tag{3-74}$$

式中　l——钻孔揭露含水层厚度,m;

S——抽水井降深,m;

R——影响半径,m,采用经验值;

r——抽水井半径,m;

其他符号意义同前。

2)图解法计算水文地质参数

图解法是利用流量稳定时水位降深和时间的关系曲线,在曲线图上查得某一点或任意两点的斜率,然后代入公式中求得各水文地质参数的一种方法。根据供水水文地质手册,本次计算分为潜水非完整井和完整井两种情况。

对于潜水非完整井的计算,首先利用抽水试验观测数据画出 $h_2 = f(\lg t)$ 曲线,然后查出曲线上任意两点 P_1、P_2 对应的时间和斜率,最后代入下式计算渗透系数:

$$K = \frac{2.3Q}{2\pi}\exp\left[\frac{2.3(t_1 \lg m_1 - t_2 \lg m_2)}{t_2 - t_1}\right] \tag{3-75}$$

式中　Q——稳定流量,m^3/s;

t_1、t_2——曲线上任意两点 P_1、P_2 对应的时间,s;

m_1、m_2——曲线上任意两点 P_1、P_2 对应的斜率。

对于潜水完整井的计算,首先利用抽水试验观测数据画出 $h_2 = f(\lg t)$ 线,该线近似为直线,然后求得直线的斜率,最后代入下式计算渗透系数:

$$K = \frac{2.3Q}{2\pi B} \tag{3-76}$$

式中　B——$h_2 = f(\lg t)$ 线的斜率;

　　　其他符号意义同前。

这里采用图解法计算得到的土层渗透系数建议值见表 3-2。

表 3-2　计算得到的各土层渗透系数建议值

岩性	试验方法	渗透系数 $K(\text{cm/s})$		
		组数	范围值	平均值
粉砂	钻孔注水	5	$1.83 \times 10^{-5} \sim 4.45 \times 10^{-3}$	1.85×10^{-3}
粉砂	钻孔注水	2	$1.86 \times 10^{-3} \sim 2.35 \times 10^{-3}$	2.1×10^{-3}
细砂(Q_3^{al})	钻孔注水	3	$2.4 \times 10^{-3} \sim 9.41 \times 10^{-3}$	6.9×10^{-3}
细砂	钻孔注水	2	$5.2 \times 10^{-3} \sim 6.2 \times 10^{-3}$	5.7×10^{-3}

3.5.2　数值模拟结果

因稳定抽水试验采用了单井抽水,根据提供的地质参数,建立有限元模型,有限元模型的建造必须考虑计算精度(或计算量)与分析费用(包括建模时间和计算分析时间等)的平衡,对细部结构加以必要的简化和概化,以避免过分追求局部精确而导致有限元剖分难度和计算量的显著增加。计算网格模型如图 3-4 所示。

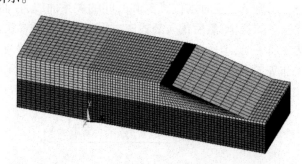

图 3-4　计算网格模型(模型的一半)

网格剖分时,充分考虑实际地质条件(以招标投标阶段提供的地层分布为准),渠道断面形式(包括一级马道)以及降水井布置(六边形等效)。坐标原点选取以 x 轴表示左右岸方向,y 轴表示沿渠道水流方向,z 轴表示高度方向,坐标原点位于渠底中间。

　　网格密度上除降水井周围采取加密网格处理外,其余按正常网格尺寸,降水井网格如图 3-5 所示。降水井直径 0.4 m,采用正六边形等效;左右岸长度取渠道基坑宽度的 1 倍,结构尺寸如图 3-5 所示。图中各颜色表示地层分布,其中最低开挖面位于砂质黏土层中,其余图层按招标投标地质勘测成果,取高程平均值。

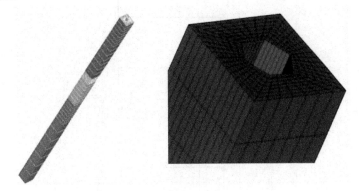

图 3-5　降水井细部

计算用渗透系数按抽水试验结果选取。

　　模型左右两侧边界设置为水平向约束,竖向自由,底部边界设置为水平向,竖向约束。模型左右边界假定孔隙水压力不发生变化,为定水头边界,模型底部为不透水边界,降水井为排水边界。网格分布情况如图 3-4 所示。

3.5.3　对比分析

　　数值模拟结果如图 3-6、图 3-7 所示。从图中可以看出,实施降水井降水后,降水井轴线附近的地下水位大幅降低,地下水渗流场显著改变,于初始渗流场比较而言,地下水渗流场具有如下特点:

　　(1)施工降水后,沿降水井轴线形成地下水深槽。由于地基土的渗透性较低,影响半径较小,因此地下水深槽并不宽。也就是说,对初始地下水渗流场的影响范围仅局限于降水井附近的小区域内。

　　(2)由于降水井垂直水流方向一侧临近基坑,故降水漏斗在垂直水流方向是不对称的,一侧的地下水流向基坑内,基坑内的地下水在渠道坡面上出漏。

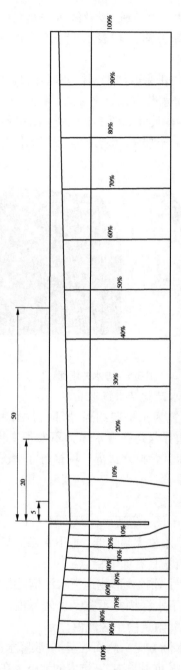

图3-6 顺水流方向数值模拟水头分布结果

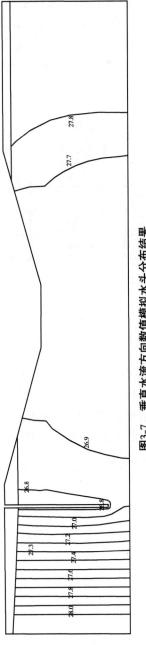

图3-7　垂直水流方向数值模拟水头分布结果

　　从水头空间分布图可看出,土体水平向和竖向不同的渗透特性分布,导致其水头空间分布出现差异。因垂直水流方向土层分层,上层土渗透系数大于下层土渗透系数,故总水头等值线凸显明显分层,呈现明显的水平向降水漏斗,上层水力坡降明显大于下层水力坡降,基坑由降水导致较大水平范围的水头下降。

　　试验与数值结果对比见表3-3。

表3-3　试验与数值结果对比

观测井	地下水潜水位	降深实测值	水位实测值	降深数值模拟值
降水井	28.22	3.36	24.86	24.86
观测井1	28.22	3.08	25.14	3.12
观测井2	28.22	2.70	25.52	2.688
观测井3	28.22	1.66	26.56	1.84
观测井4	28.22	0.20	28.02	0.42

3.6　小　结

　　为了更好地解决基坑降排水问题,弄清软土基坑施工过程中地下水分布状况及对基坑安全施工的影响,需要具备比较严密的渗流场计算理论和方法,这样才能实现基坑渗流场精确的模拟仿真分析,达到服务和指导工程施工的目的。本章在他人研究的基础上基于达西定律阐述了基坑渗流场计算理论,采用有限元计算的方法对渗流微分方程进行求解,将节点虚流量法引入到基坑渗流场计算,计算出水头和渗流量,与实际抽水试验结果基本一致,相比解析计算法简单方便,适用范围广。

第 4 章　管井降排水方案设计及优化

管井井点降水法又称为"井中井",是在已开挖好的基井中钻孔成井,然后安装抽水设备将地下水排出基坑,最终达到降水目的。如图 4-1 所示,这种技术要求管井与水泵共同工作,且采用一井一泵,降水效果较好。此法要求地层渗透系数为 20 ~ 200 m/d,水位降深一般在 3.5 m 左右;特别适用于水资源丰富的粉土或砂质土层。一般情况下,单井的出水量在 50 m³ 以上,最高可达 100 m³/h,尤其在潜水层降水施工中较为突出。

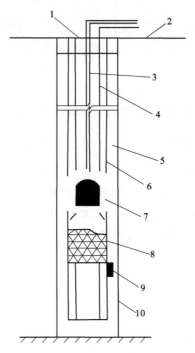

1—井盖;2—井口;3—出水管;4—电缆;5—砂砾;6—井管;
7—潜水电泵;8—过滤管;9—导向段;10—沉砂管

图 4-1　管井结构示意图

管井井点降水法具有大排量、大深度、大范围、易操作、高效率等优点。通常,砂砾土层的渗水性、透水性都很大,在其中应用管井井点降水效果很好,这是轻型井点和喷射井点等方法无法企及的。另外,对于一些严重发生突涌、流砂、隆起的区域,其同样也有良好的作用,不仅能降低承压水位,还能消除压力并确保基坑安全。其不足之处是在单位时间内降水深度较大、出水量较多,对降水量无法掌握,导致水位降落曲线陡峭,造成降水的影响范围和影响程度大。因此,基坑周围建筑物的不均匀沉降要慎重对待,做好沉降监测记录,遇到异常情况及时处理。

这里采用工程实例的形式,进行管井降排水方案设计及优化研究。

4.1　工程概况

某工程特殊土处理中没有膨胀土、湿陷性黄土处理任务,有地震液化段处理长度 5 755 m,采用重夯、强夯、挤密砂桩和换土 + 挤密砂桩等不同方法处理;采用黏性土回填处理高地下水位砂质渠坡段长 975 m。

在渠道开口线与永久占地线之间设有截(导)流沟、防洪堤、林带。截流沟纵比降根据地形确定,为防止冲刷,纵比降较陡处全断面采用干砌石护砌。

4.1.1　地形、地质条件

第一段为黏砂双层结构,为挖方段,挖方深度一般 10.0 ~ 11.6 m,最大挖深 18.0 m 左右。渠底板主要位于黄土状中粉质壤土中,渠坡由黄土状土构成,局部为极细砂。黄土状轻壤土厚 6.0 ~ 11.0 m,具轻微湿陷性,局部具中等湿陷性,并具地震液化潜势,液化等级为轻微—中等,局部为严重,设计时可根据具体情况采取换填或其他处理措施。地下水位多临近渠道设计水位。黄土状中粉质壤土厚度一般 2 ~ 4 m,局部厚 17.5 m 左右,渠道开挖后剩余厚 1 ~ 3 m,易产生渠底板顶托破坏和突涌问题,施工时应采取排水降压措施。该段地层岩性特征:

(1)黄土状轻壤土(Q_4^{al+1}):多呈可塑状,具中等压缩性,湿陷系数 δ_s = 0.015 ~ 0.043,具轻微湿陷性,局部为中等湿陷。

(2)黄土状重粉质壤土(Q_4^{alpl+1}):多呈可塑状,具中等压缩性,软—中硬土。

(3)黄土状中壤土(Q_4^{alpl+1}):多呈可塑状,具中等压缩性。

(4)卵石土(Q_4^{alpl+1}):重型动力触探击数 6 ~ 31 击,平均 13 击,多呈中密状。

（5）中细砂（夹砂壤土）土（Q_4^{alpl+1}）：松散状。

第二段为上黏性土、下软弱膨胀泥岩双层结构，为挖方段，挖方深度一般为 9.8～15.0 m。渠底板主要位于砂壤土底部，局部在黄土状中粉质壤土中，渠坡由砂壤土、黄土状中粉质壤土和粉砂构成。砂壤土厚度 10.5～14.0 m，与粉砂透镜体具弱—中等透水性，存在侧向渗漏和地震液化问题，液化等级为中等—严重，应采取抗液化处理措施；砂质黏土岩具弱膨胀潜势。地下水位高于渠底板而低于设计渠水位，渠坡由砂壤土和粉砂透镜体构成，应采取排水和防渗衬砌等措施。该段地层岩性特征：

（1）极细砂（Q_4^{al+1}）：松散—稍密状。

（2）重砂壤土土（Q_4^{al+1}）：中等压缩性。

（3）黄土状轻壤土（Q_3^{al}）：多呈可塑状，中等压缩性。

（4）砂质黏土岩（N_{1L}）：具弱膨胀潜势，岩性不均，部分相变为泥灰岩。

第三段为黏性土均一结构，以半挖半填为主，挖方深度一般 7.0～9.0 m。渠底板位于重砂壤土和黄土状中粉质壤土中，渠坡由重砂壤土和黄土状土构成，局部为粉砂。黄土状轻壤土厚 5.0 m 左右，具轻微湿陷性，局部具中等湿陷性；重砂壤土厚 1.5～14.0 m，具弱—中等透水性和地震液化潜势。地下水位略高于渠底板。该段地层岩性特征：

（1）黄土状轻壤土土（Q_4^{al+1}）：具中等压缩性；湿陷系数 $\delta_s = 0.015～0.061$，具轻微湿陷性，局部为中等湿陷。

（2）重砂壤土（Q_4^{al+1}）：可塑状，多具中等压缩性。

（3）黄土状中粉质壤土（Q_3^{al}）：多呈可塑状，具中等压缩性。

（4）重粉质壤土（Q_3^{al}）：多呈可塑状，具中等压缩性。

第四段为黏砂多层结构，以半挖半填为主，挖方深度一般 7.0～10.0 m。渠底板主要位于重砂壤土和黄土状中壤土中，渠坡主要由细砂、重砂壤土和黄土状中壤土构成。重砂壤土、细砂土质不均，具中等—强透水性，重砂壤土具地震液化潜势，渠坡岩性不均，应采取处理措施。地下水位高于渠底板，临近渠道设计水位，施工中应注意流砂、管涌等不良地质问题。该段地层岩性特征：

（1）细砂（Q_4^{eol+2}）：中密状。

（2）重砂壤土（Q_4^{al+1}）：多呈可塑状，多具中等压缩性。

（3）细砂（Q_3^{al}）：中密。

　　(4)中壤土(Q_3^{al}):可塑~软塑状,多具中等压缩性,中硬—硬土。

　　(5)重粉质壤土(Q_2^{dlpl}):多呈可塑状,中等压缩性,标贯击数 6~16 击,平均 11 击,属硬土。

4.1.2　水文地质条件

　　本渠段位于河南省中部,属温带季风气候区,夏秋两季受太平洋副热带高压控制,多东南风,炎热多雨;冬春两季受西伯利亚和蒙古高压控制,盛行西北风,干燥少雨。渠段沿线空气冬季湿度最小,夏季湿度最大。渠段内冬、春、秋季盛行西北风,夏季多东南风,全年最多风向为西北风。

　　降水年际变幅大,年最大与最小降水量之比达 3~4 倍;降水年内分配不均,60%~70% 集中在汛期 6~9 月,多以暴雨形式出现。非汛期中小河流经常断流。

　　区域多年平均水面蒸发量为 1 300~1 400 mm,多年平均陆面蒸发量为 500~550 mm。

　　本渠段气象要素情况统计见表 4-1。

表 4-1　气象要素情况统计

项目	单位	新郑站	郑州站
多年平均降水量	mm	669.0	632.3
多年平均降水日	d	82.2	79.9
多年平均气温	℃	14.4	14.4
7 月平均最高气温	℃	31.7	32.1
1 月平均最低气温	℃	−3.8	−4.3
多年极端最高气温	℃	42.5	42.3
多年极端最低气温	℃	−17.9	−17.9
多年平均风速	m/s	2.1	2.5
多年最大风速	m/s	17.7	20.3
最早冻结日期			12 月 13 日
最晚解冻日期			2 月 14 日

项目	单位	新郑站	郑州站
最早霜冻初日		11 月 2 日	10 月 27 日
最早霜冻终日		4 月 2 日	3 月 30 日
最大冻土深	cm		27
无霜期	d	298	294

　　场区分属松散土覆盖岗地和河谷平原,地形起伏不大。地下水开采深度范围内地层主要为第四系松散层,地质结构有黏砂双层、黏砂多层、土岩双层结构和黏性土均一结构四种,岩性主要为黄土状壤土、细砂和沙壤土。

　　场区地下水主要为第四系松散层孔隙水,主要赋存于黄土状轻壤土、黄土状中粉质壤土、重沙壤土和细砂层中,勘察期间地下水埋深为 5 ~ 10 m,地下水具动态变化特征。地下水主要接受大气降水入渗及侧向径流补给,主要以人工开采及侧向径流排泄。

　　根据抽水试验成果:

　　(1)利用观测孔的数据计算出的渗透系数 K 值为 11. 78 ~ 13. 99 m/d (1.36×10^{-2} ~ 1.62×10^{-2} cm/s),算术平均值为 13 m/d。影响半径 R 值为 60. 42 ~ 157. 68 m,算术平均值为 94. 15 m,渗透性中等,主要反映粉细砂含水层的渗透性能。

　　(2)利用观测孔的数据计算出的渗透系数 K 值为 1. 11 ~ 1. 83 m/d (1.29×10^{-3} ~ 2.12×10^{-3} cm/s),算术平均值为 1. 36 m/d。影响半径 R 值为 18. 77 ~ 40. 44 m,算术平均值为 27. 7 m,渗透性较弱—中等,主要反映沙质黏土岩的渗透性能。

　　(3)利用观测孔的数据计算出的渗透系数 K 值为 1. 16 ~ 2. 10 m/d (1.34×10^{-3} ~ 2.43×10^{-3} cm/s),算术平均值为 1. 67 m/d。影响半径 R 值为 21. 94 ~ 90. 22 m,算术平均值为 43. 81 m,渗透性较弱—中等,主要反映沙壤土、重粉质壤土和中壤土的混合渗透性能。

　　(4)利用观测孔的数据计算出的渗透系数 K 值为 1. 11 ~ 2. 0 m/d (1.29×10^{-3} ~ 2.31×10^{-3} cm/s),算术平均值为 1. 58 m/d。影响半径 R 值为 15. 25 ~ 45. 88 m,算术平均值为 29. 77 m,渗透性较弱—中等,主要反映重粉质壤土和中壤土的混合渗透性能。

计算时渗透系数取均值,沙壤土的渗透系数为 1.89×10^{-3} cm/s,砂土为 1.49×10^{-2} cm/s,重粉质壤土和中壤土的混合渗透系数为 $1.8e \times 10^{-3}$ cm/s。

4.2　降排水方案设计

4.2.1　施工布置

本阶段土方开挖层基本位于渠道地下水位高程以下,需布置降水深井进行抽排施工。由于渠道开挖面多呈带状布置,渠道两侧机械、人员较多,为避免抽排管线影响施工,故考虑在渠道两岸一级马道外侧各布置一排抽水井,每口井内配置潜水泵一台。

渠道拟以 300 m 为一降排水单元,各施工单元呈串列布置,互不干扰,且同时在一级马道开挖施工作业前至少半个月前进行。深水井排水管分为排水主管和排水支管,排水支管为 $\phi 75$ mm 的 PVC 管,汇集至 $\phi 250$ mm 排水主钢管内,排水主钢管与渠道周边天然排水河沟相连,最终将基坑以下的地下渗水和积水排出。

渠道深井井点排水示意图见图 4-2。

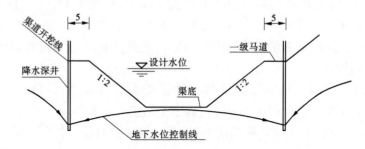

图 4-2　渠道深井井点排水示意图

4.2.1.1　降水井深度

$$H_w = H_{w1} + H_{w2} + H_{w3} + H_{w4} + H_{w5} + H_{w6} + H_{w7} + H_{w8}$$

式中　H_w——降水井深度,m;

　　　H_{w1}——渠底水位深度,m,取 5.5 m;

　　　H_{w2}——降水水位距离渠底要求的深度,m,取 0.5 m;

　　　H_{w3}——$i \times y_0$,i 为水力坡度,在降水井分布范围内宜为 0.1 ~ 0.15,取

0.1，y_0 为降水井至渠底中心距离取 40.00 m，则 $H_{w3} = 4.00$ m；

H_{w4}—— 降水期间的地下水位变幅，m，根据汛期情况取 2 ~ 4 m，本地区取 3 m；

H_{w5}—— 降水井有效过滤器工作长度，取 6 m；

H_{w6}—— 沉砂管长度，m，取 2 m；

H_{w7}—— 水跃值，一般 2 ~ 3 m，取 2.0 m；

H_{w8}—— 井口至地下水原始稳定水位，取 4.5 m。

经计算，渠道井深确定为 27.5 m。

4.2.1.2　降水井直径

本标段为保证施工降排水强度，提高降排水效率，同时考虑机械安装布置的方便性和可操作性，初步拟定降水井直径为 30 cm。

4.2.1.3　降水井结构

根据招标文件提供的地质水文资料，降水井采用真空降水井，在井内形成负压，加快地下水渗透速度。具体结构为：开孔直径 550 mm；混凝土无砂管节内径 200 mm，外径 300 mm；管外包裹 2 ~ 3 层纱滤网，过滤料为豆石。

降水井结构示意图如图 4-3 所示。

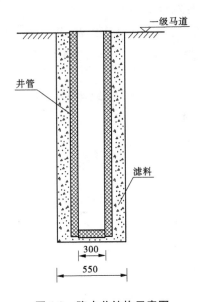

图 4-3　降水井结构示意图

4.2.2 基坑总排水量的确定

由于需要降水的范围较大,降水井均为潜水非完整井,因此,计算基坑总排水量时采用《建筑基坑支护技术规程》(JGJ120—99)推荐的潜水非完整井流涌水量的计算公式,原公式存在错误之处,经过重新推导核实,即

$$Q = 1.366K \frac{H^2 - h^2}{\lg\left(1 + \frac{R}{r_0}\right) + \frac{h_m - l}{l}\lg\left(1 + 0.2\frac{h_m}{r_0}\right)} \tag{4-1}$$

式中　K——渗透系数,m/d;

　　　Q——出水量,m^3/d;

　　　H——自然情况下潜水有效含水层的厚度,m;

　　　　$H = -18.32\{S/(S + l)\}4 + 38.12\{S/(S + l)\}3 -$
　　　　$33.5\{S/(S + l)\}2 + 13.66S/(S + l) + 0.83$

式中　S——水位降深,m;

　　　h——潜水含水层在抽水稳定时的厚度,m,$h = H - s(m)$;

　　　h_m——$(H + h)/2$,m;

　　　l——过滤器的有效长度,m;

　　　R——影响半径,m,利用经验公式 $R = 2s\sqrt{HK}$ 计算;

　　　r_0——大井的引用半径,m,当基坑为矩形时,采用式(4-2)来计算引用半径 r_0;

$$r_0 = 0.29(a + b) \tag{4-2}$$

式中　a——基坑长度,m;

　　　b——基坑宽度,m。

将上述各参数代入式(4-1),即可计算出基坑施工单元的总排水量,结果见表4-2。

表4-2　基坑总排水量计算成果

有效含水层厚	渗透系数	基坑水位降深	滤水管长度	基坑长度	基坑宽度	长300 m涌水量	施工单元总涌水量
H	K	S	l	a	b	Q	$Q_{总}$
(m)	(m/d)	(m)	(m)	(m)	(m)	(m^3/h)	(m^3/h)
45	0.35	6.5	9	300	80	43.46	124.52

4.2.3　单井出水量的确定

根据《建筑基坑支护技术规程》(JGJ120—2012)推荐的单井出水量的计算公式为

$$q = 120\pi r L \sqrt[3]{K} \tag{4-3}$$

式中　L——有效过滤器长度,m;

　　　r——过滤器内径半径,m;

　　　K——根据4.1.2节中各岩性渗透系数建议值(有效含水层厚度内加权平均值),m/d。

将各参数代入上述公式,即可计算各施工单元单井出水量,见表4-3,在降水井过滤管采用无砂混凝土滤水管、施工时采用泥浆护壁钻进及干扰井抽水情况下通常单井出水量是理论出水量的1/4～1/2,取$p = 0.25$。

表4-3　基坑施工降水单井出水量计算成果

过滤器内半径	过滤器长度	基坑水位降深	渗透系数	效率因子	单井出水量
$r(m)$	$L(m)$	$S(m/d)$	K	p	$q_{井}(m^3/h)$
0.15	9	6.5	0.35	0.25	3.73

施工单元降水井单井出水量确定潜水泵型号,降水井潜水泵型号及参数如表4-4所示。

表4-4　降水井潜水泵型号及参数

序号	水泵型号	水泵功率(kW)	扬程(m)	功率因子	额定出水量(m^3/h)	实际出水量(m^3/h)	备注
3	100QJ5.5 – 33 – 0.75	0.75	33～35	0.7	5.5	3.85	

4.2.4　确定降水井数量

当确定了各施工单元基坑涌水量、各施工单元单井实际出水量及潜水泵型号则基坑总井数 n 为:$n = Q/q$ 眼,见表4-5。

表 4-5　基坑施工单元降水单井数量成果

施工单元总涌水量 Q （m³/h）	水泵出水量 $q_泵$ （m³/h）	基坑总井数 n （眼）	拟选水泵型号
124.52	3.85	32	100QJ5.5 - 33 - 0.75

4.2.5　降水井施工及管理

4.2.5.1　测量定位

在渠道开挖至马道高程时,便可进行降水井管的测量定位。测定后,需在马道上标明井点中心轴线和开口线,其中心点打上定位桩(钢钉)。

4.2.5.2　埋设井口护筒

测量定位经复核后,便可埋设井口护筒。井口护筒采用钢板圆护筒,其直径为 1 m,高度一般为 1.5 ~ 2.0 m,需埋入地下 1 ~ 1.5 m,护筒外用黏土填实,以防井口坍塌。

4.2.5.3　安装钻机

安装钻机时,对钻机的动力系统、升降系统、钻塔、钻头等部件进行全面检查和维护保养,使其保持良好状态。同时合理布置钻机配套的电力系统和供水系统。安装钻机塔身时,要采取必要的安全措施,对施工现场进行人员清理,除必要的施工技术人员外,其他无关人员不得在钻塔起落范围内行走和逗留。钻机操作要保持安全、可控状态,钻机的卷扬机或绞车保持低速运行,钻机塔架升降匀速、平稳。施工时,随时注意钻机的运行状态,出现不平稳状态时,需及时切断电源,防止钻机突然倾倒致使人员和机械损伤。

4.2.5.4　钻孔成井

工程拟采用 BRM - 08 型钻机进行钻进成孔施工,钻孔一次成孔。在开钻前,需复核施工图中标示的地质情况资料,做好数据预测分析。在钻井过程中,需由操作人员根据地质特征及孔内实际情况安排相应的钻井速度和泥浆浓度等参数,并严格控制钻孔的垂直度,以利混凝土透水管的顺利安装。拟采用 HB80 型泥浆泵为配套水泵,泥浆泵排除的泥浆需排入附近泥浆沉淀池,经沉淀后的水经水沟自流入井孔。

4.2.5.5　安放混凝土管

混凝土管安装前,需置换孔内泥浆,置换期间要注意防止孔洞坍塌,理论

泥浆比重以 $1.01 \sim 1.04$ g/cm³ 为宜。用小型吊机吊起混凝土管配合人员吊放入孔。混凝土透水管外采用 $2 \sim 3$ 层尼龙纱网作为过滤器,并用细铁丝箍紧。其底部配置 2 m 高混凝土盲管,盲管上接混凝土透水管,管口对齐布置,管中心与成井中心重合在一铅垂线上。

4.2.5.6　回填过滤料

混凝土透水管吊装完毕后,可回填滤料。管壁与孔壁之间设置为 $10 \sim 15$ cm 厚的滤料层,滤料采用 $1 \sim 5$ mm 豆砂回填作为过滤层。滤料填至基坑底部高程后填筑黏土封口,孔口顶部需高出周边地面 $10 \sim 20$ cm,以防外部雨水流入井内。

4.2.5.7　洗井施工

为保证降水具有良好的降水效果,在滤料填充完成后立即洗井。洗井时,可采用潜水泵进行大降深抽水,使残留在滤料内的泥浆随着水流带出,以增强其透水性。洗井时间视现场具体情况而定,一般抽至井口出现清水即可。

4.2.5.8　渠道降排水管理

本标段拟安排专人进行降水井看护和运行管理,确保降排水施工的连续性和有效性。降水井的使用根据渠道地下水文情况综合考虑而定,可通过前期埋设的观测管进行地下水位观测,根据观测资料适当机动调整降水井的使用数量,最终确保地下水位保持在开挖底板以下 0.5 m 即可。运行管理人员每天需配合工程技术人员观测地下水位 $2 \sim 3$ 次,碰到突发水文情况,例如在雨季或河水位上升时,需加大观测水位的次数,根据水文数据制订出相应的措施,确保降排水施工有效进行和渠道其他施工安全。

4.3　降排水方案优化

根据现场的地质情况及建筑物情况,选择典型地质断面建立有限元模型,有限元模型的建造必须考虑计算精度(或计算量)与分析费用(包括建模时间和计算分析时间等)的平衡,对细部结构加以必要的简化和概化,以避免过分追求局部精确而导致有限元剖分难度和计算量的显著增加。

4.3.1　计算模型与边界条件

对渠道渗流场的模拟采用 8 节点 6 面体等参单元,计算域选取思路基于下述假定:

(1)潜水位相同,各降水井的尺寸和深度以及降排水效果保持一致。

（2）基坑已经形成，不考虑开挖过程的降排水。

（3）渠道未设置排水措施，且未衬砌。

基于上述假定和设计降水井布置方案，并设置对比方案，剖分 2 套计算网格。

（1）以设计方案为依据，建模时考虑双排单个降水井的作用，降水井布置在渠道两侧一级马道内侧 1 m 外，沿渠道顺水流方向取降水井的间距 18 m，井深 27.5 m，深井内径 300 mm。具体降水井布置如图 4-4 所示，图 4-5 为按照降水井间距 45 m、井深 27.5 m（设计方案）要求剖分后的整体网格总图（部分），其中剖分后三维仿真模型节点 36 593 个，单元 32 800 个。

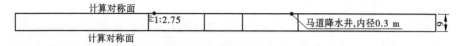

图 4-4　计算域及降水井布置（设计方案）

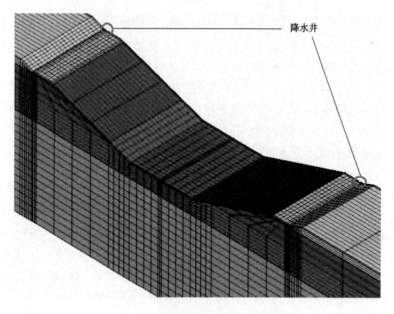

图 4-5　计算网格模型（设计方案）

（2）考虑工程实际的降水井布置情况，即采取了仅在渠底同时布置降水井的方案，为验证该方案的可行性和合理性，需要进行验算。该方案在平面上采用渠底中央单井布置，井间距 18 m，井深 22.6 m，降水井直径 0.3 m。具体降水井布置如图4-4所示,结合图4-5进行网格剖分,剖分后网格如图4-5所示,剖分后节点36 187个,单元32 528个。

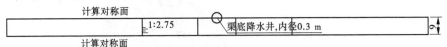

图4-6 计算域及降水井布置(对比方案)

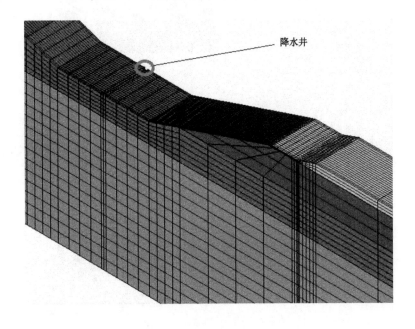

图4-7 计算网格模型(对比方案)

网格密度上除降水井周围采取加密网格处理外,其余按正常网格尺寸,降水井网格如图4-7所示。降水井直径0.3 m,采用正六边形等效;左右岸长度取渠道两侧一级马道的降水井排距的2倍,结构尺寸如图4-5所示。图中各颜色表示地层分布,其中最低开挖面位于黄土状粉质壤土层中,其余图层按招标投标地质勘测成果,取高程平均值。

为便于进行计算结果分析,针对三种降水井布置方案,分别选取典型截面:

(1)设计方案。典型截面选取2个,如图4-9所示,其中A—A截面选取渠道左右岸方向中部截面($y = -5$ m),B—B截面选取渠道上下游方向的中部截面($x = 0$ m)。在进行计算成果整理时,为了能够使图像清晰,必要时将

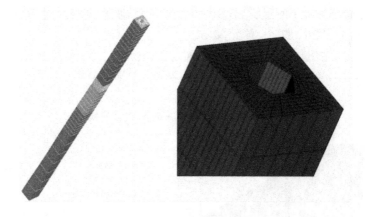

图 4-8　降水井细部图

对 A—A 截面进行对称选取(选取一半),或是为了显示对降水井的降水效果,只显示降水井与渠道部分效果。

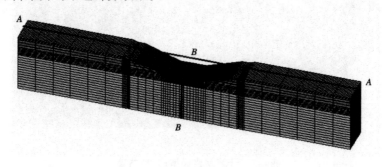

图 4-9　典型截面示意(设计方案)

(2)对比方案。典型截面选取 2 个,如图 4-10 所示,其中 C—C 截面选取渠道左右岸方向中部截面($y = -5$ m),D—D 截面选取渠道上下游方向的中部截面($x = 0$ m)。在进行计算成果整理时,为了能够使图像清晰,必要时将对 C—C 截面和 D—D 截面进行对称选取(选取一半),或是为了显示对降水井的降水效果,只显示降水井与渠道部分效果。

计算域四周截取边界条件分别假定为:

计算域的渠道上游截取边界、下游截取边界,即渠道两侧(y 向),以及底边界均视为隔水边界面;渠道左右岸(x 向)为已知水头边界;边坡、一级马道

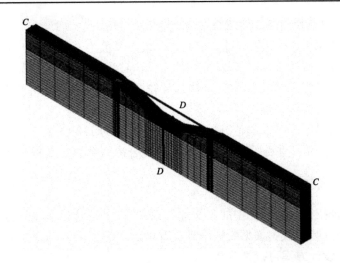

图 4-10 典型截面示意(对比方案)

以及渠底考虑为可溢出边界;降水井内则根据计算要求,可设定为已知水头边界或可溢出边界,以控制降水井的抽水量。

4.3.2 计算参数

由于施工期水文地质参数发生较大的变化,分招标阶段水文地质和补充水文地质两种情况取值。数值分析计算时拟采取各种材料的渗透系数参照招标投标文件及补充的水文地质勘察报告所提供的水文地质资料和参考值。

根据抽水试验成果:

(1)利用观测孔的数据计算出的渗透系数 K 值为 11.78 ~ 13.99 m/d(1.36×10^{-2} ~ 1.62×10^{-2} cm/s)、算术平均值 13 m/d。影响半径 R 值为 60.42 ~ 157.68 m,算数平均值为 94.15 m,渗透性中等,主要反映粉细砂含水层的渗透性能。

(2)利用观测孔的数据计算出的渗透系数 K 值为 1.11 ~ 1.83 m/d(1.29×10^{-3} ~ 2.12×10^{-3} cm/s)、算术平均值 1.36 m/d。影响半径 R 值为 18.77 ~ 40.44 m,算数平均值为 27.7 m,渗透性较弱—中等,主要反映砂质黏土岩的渗透性能;

(3)利用观测孔的数据计算出的渗透系数 K 值为 1.16 ~ 2.10 m/d(1.34×10^{-3} ~ 2.43×10^{-3} cm/s)、算术平均值 1.67 m/d。影响半径 R 值为 21.94 ~ 90.22 m,算数平均值为 43.81 m,渗透性较弱—中等,主要反映砂壤

土、重粉质壤土和中壤土的混合渗透性能。

（4）利用观测孔的数据计算出的渗透系数 K 值为 $1.11 \sim 2.0$ m/d（$1.29 \times 10^{-3} \sim 2.31 \times 10^{-3}$ cm/s）、算术平均值 1.58 m/d。影响半径 R 值为 $15.25 \sim 45.88$ m，算数平均值为 29.77 m，渗透性较弱—中等，主要反映重粉质壤土和中壤土的混合渗透性能。

计算时渗透系数取均值，砂壤土的渗透系数为 1.89×10^{-3} cm/s，砂土为 1.49×10^{-2} cm/s，重粉质壤土和中壤土的混合渗透系数为 $1.8e \times 10^{-3}$ cm/s。

4.3.3　方案可行性分析

在验证招标投标文件中的水文地质条件下，渠道降排水投标方案的合理性，通过建立数值模拟模型模拟降排水效果。

4.3.3.1　设计方案可行性分析

渠道段地下水位高于渠底板，临近渠道设计水位，渠道设计水位为 $123.154 \sim 121.145$ m。依据要求对地下水位距离渠底板 8.242 m 和 6.233 m 设定工况。

设计方案工况设定见表 4-6。

表 4-6　设计方案工况设定

工况	马道降水井间距（m）	潜水位（m）	
		距离开挖面	高程
s_1	18	8.242	123.154
s_2		6.233	121.145

对表 4-6 计算工况分别进行仿真计算，计算结果见表 4-7、图 4-11 ～ 图 4-14。其中，表 4-7 为设计方案在补充水文地质条件下最大降水能力时，渠底地下水位和单井最大抽水量成果统计表；图 4-11 ～ 图 4-14 为两种地下水位下，典型截面的水头等值线图。

本节论证设计方案是否满足补充地质条件下的要求，即将地下水位降低至渠底以下 2.2 m 以上。因此，仿真计算仅针对降水井理论上最大降水能力时的情况展开。由计算结果可知，地下水位 8.242 m 和 6.233 m 时，渠底最高水位分别为 -2.48 m 和 -3.13 m，满足干地施工的要求。

表 4-7　补充地质条件设计方案仿真计算结果

工况	潜水位(m)		渠底地下水位(m)		单井最大抽水量	
	距离渠底	高程	距离渠底	高程	m³/h	m³/d
s_1	8.242	123.154	-2.48	111.61	4.302	103.248
s_2	6.233	121.145	-3.13	110.96	3.728	89.472

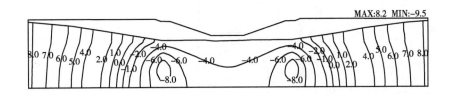

图 4-11　工况 s_1 地下水位 8.242 m 时仿真计算的 E—E 截面水头等值线　（单位:m）

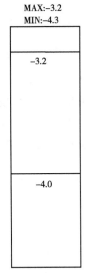

图 4-12　工况 s_1 地下水位 8.242 m 时
仿真计算的 F—F 截面水头等值线　（单位:m）

4.3.3.2　对比方案可行性分析

潜水位和地层分布同 4.3 节,土层渗透系数同 3.4 节。计算工况见表 4-8。

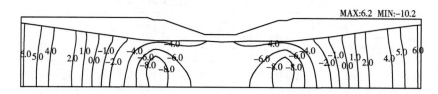

图 4-13　工况 s_2 地下水位 6.233 m 时仿真计算的 E—E 截面水头等值线　（单位:m）

图 4-14　工况 s_2 地下水位 6.233 m 时

仿真计算的 F—F 截面水头等值线　（单位:m）

表 4-8　招标水文地质条件下投标方案工况设定

工况	渠底降水井间距	潜水位(m)	
		距离开挖面	高程
b_1	18	8.242	123.154
b_2		6.233	121.145

本节论证对比方案是否满足补充地质条件下的要求,即将地下水位降低至渠底以下 2.2 m 以上。可知,按设计布置降水井时,不能够满足补充地质条件下渠道干地施工的要求。而相比设计方案,对比方案取消了马道的降水井而在渠底增设降水井,并缩短了降水井的间距,因此该方案的降水效果在理论上应得到提高。为了能够从技术上论证补充地质条件下对比方案的可行性,

下面对其进行三维仿真分析。

对表4-8计算工况分别进行仿真计算,计算结果见表4-9、图4-15~图4-18。其中,表4-9为投标方案在招标水文地质条件下最大降水能力时,渠底地下水位和单井抽水量成果统计表;图4-15~图4-18为两种地下水位下,典型截面的水头等值线图。

本节论证设计方案是否满足招标地质条件下的要求,即将地下水位降低至渠底以下2.2 m以上。因此,仿真计算仅针对降水井最大降水能力时的情况展开。由计算结果可知,地下水位8.242 m和6.233 m时,理论可降低的渠底地下水位分别为-2.9 m和-4.9 m(低于渠底分别为2.9 m和4.9 m),相应的单井抽水量分别为5.41 m³/h(渠底)和4.422 m³/h(渠底),单井抽水量较投标方案大。此时,对比方案能够满足干地施工的要求,即实际方案可行。

综上所述,在补充地质条件下,对比采用的方案能够满足各个时期抽水需求,从而保证渠道干地施工要求,即对比方案在补充地质条件下是有效的、可行的。

表4-9　对比方案补充地质条件仿真结果

工况	潜水位(m)		渠底地下水位(m)		单井最大抽水量	
	距离渠底	高程	距离渠底	高程	m³/h	m³/d
b_1	8.242	123.154	-2.9(理论值)	112.012	5.41	129.84
b_2	6.233	121.145	-4.9(理论值)	110.012	4.422	106.128

注:理论值是指实际方案在理论上能达到的渠底地下水位降低值及相应抽水量。

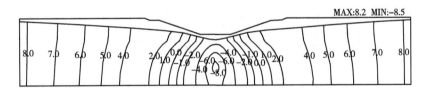

图4-15　工况 b_1 地下水位8.242 m时仿真计算的C—C截面水头等值线　(单位:m)

4.3.4　经济性比较

4.3.4.1　反演分析

由仿真成果可知,补充方案下的对比方案降水效果明显优于设计方案,但还无法反映其经济性差异,尚需通过反演计算来论证。此处反演计算的目的

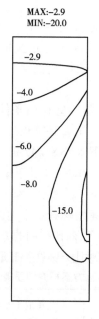

图 4-16　工况 b_1 地下水位 8.242 m 时
仿真计算的 D—D 截面水头等值线　（单位:m）

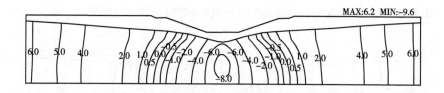

图 4-17　工况 b_2 地下水位 6.233 m 时仿真计算的 C—C 截面水头等值线　（单位:m）

旨在分析当达到与对比方案补充水文地质条件下相同标准,即渠底地下水位一致时,设计方案的抽水量情况,便于 4.3.4.2 节的经济性比较。计算结果见表 4-10、图 4-19 ~ 图 4-22。其中,表 4-10 为在补充水文地质条件下达到施工所满足的适宜降水效果,图 4-19 ~ 图 4-22 分别为反演分析计算工况下,设计方案和对比方案的典型截面的水头等值线图。

以表 4-7 的渠底地下水位为控制条件,记为 s,即当地下水位 8.242 m 时,

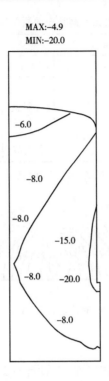

图 4-18　工况 b_2 地下水位 6.233 m 时
仿真计算的 D—D 截面水头等值线　（单位:m）

设计方案将控制渠底最高水位在 -2.9 m。由于一级马道和渠道降水井的降水效果存在多种组合和差异,为了获得唯一解,需要对降水井抽水量或者降水井水位进行合理限定,此处结合工程实际情况,假定一级马道和渠底降水井水位保持一致(唯一解条件)。另外,为了减少寻优次数,设定渠底建基面以下的最高地下水位 s 绝对误差在一定范围即认为满足要求,本次设定目标函数 $F(s) = |s| < \varepsilon_0$,$\varepsilon_0$ 为给定一个正小值,本次取 $\varepsilon_0 = 0.05$ m;设定最大寻优次数 $l_{max} = 100$ 次。

由反演结果可知,潜水位 8.242 m 时,渠底最高水位为 -2.9 m,在设定误差 $\varepsilon_0 = 0.05$ m 范围内,且完全满足干地施工的要求,相应的单井抽水量分别为 5.41 m³/h(对比方案,渠底)和 4.35 m³/h(设计方案,一级马道)。

表4-10 对比方案补充地质条件反演结果

工况	潜水位(m)		降水井水(m)		渠底地下水位(m)		单井抽水量		
	距离渠底	高程	距离渠底	高程	距离渠底	高程	部位	m³/h	m³/d
b_1	8.242	123.154	20	94.912	-2.90 (控制值)	112.012	马道	—	—
							渠底	5.41	129.84
S_1	8.242	123.154	18	96.912	-2.90 (控制值)	112.012	马道	4.35	104.4
							渠底	—	—

注:该表为渠底地下水位限值条件下,相应的降水井抽水量。

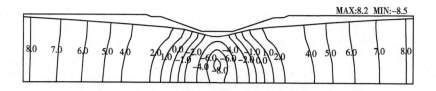

图4-19 工况 b_1 地下水位8.242 m时反演计算的C—C截面水头等值线 （单位:m）

4.3.4.2 经济性比较

由前述可知,单从降水井布置而言,设计方案和对比方案均能满足渠道干地施工的要求,且在技术上对比方案比设计方案更具优越性。本节对其经济性进行比较与分析,方法为:当设计方案和对比方案达到相同的降水效果时,即渠底最不利的地下水位一致时,综合分析比较渠道总抽水费用和降水井开挖与管理费用,最终确定经济最优方案。

以180 m为一个单元进行经济对比分析。对比方案中,180 m范围内降水井的个数为10个,且均布置在渠底中央;设计方案中,180 m范围内降水井的个数为20个,且均布渠道的一级马道上。

1.抽水单价及抽水量分析

设计方案降水井分别布置在渠道两侧一级马道内1 m处,间距18 m,井深27.5 m;对比方案降水井仅布置在渠底,间距同为18 m,井深22.5 m,井内配175QJ(R)20-40/3水泵。查同电机功率水泵175QJ32-24/2,差值得到实际出水量,见表4-10。

根据《水利工程施工机械台时费定额》(水总〔2002〕116号文)采用内插法计算出水泵台时费见表4-11。

则根据水泵台时费,并依据计算出水量可计算出抽水单价,见表4-12。

MAX:-2.9
MIN:-20.0

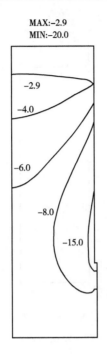

图 4-20　工况 b_1 地下水位 8.242 m 时

反演计算的 D—D 截面水头等值线　（单位:m）

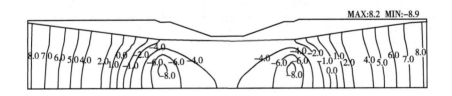

图 4-21　工况 s_1 地下水位 8.242 m 时反演计算的 E—E 截面水头等值线　（单位:m）

（这里井点抽水费用参考具有同功率水泵的马道抽水费用）

MAX:−2.9
MIN:−3.9

图 4-22　工况 s_1 地下水位 8.242 m 时

反演计算的 F—F 截面水头等值线　（单位:m）

表 4-11　水泵台时费用

名称及规格	台时费（元）	一类费用(元)				二类费用(元)				
		折旧费	修理及替换设备费	安装拆卸费	小计	人工（数量）	人工（单价）	电（数量）	电（单价）	小计
3 kW 水泵	11.08	0.44	2.14	0.72	3.3	1.3	4.36	2.58	0.82	7.78

表 4-12　抽水单价分析

序号	水泵功率	流量	水泵台时费（元）	计算公式	抽水单价	备注
对比方案	3 kW	33.125 m³/h	11.08	水价 = 水泵台时/（水泵流量 * 能量利用系数）	0.42	实施阶段水泵功率（渠底）
设计方案	3 kW	26.75 m³/h	11.08		0.52	马道

根据仿真计算结果,假设总工期 975 日历天,每天按照 8 h 有效工作时间。则对比方案中单井抽水量 5.41 m³/h,降水井共 11 口则总抽水量 $Q'_总$ = 5.41 × 11 × 975 × 8 × 0.42 = 194 954.76(元)。设计方案单井抽水量 4.35 m³/h,降水井总数 22 口,则总抽水量 $Q_总$ = 4.35 × 22 × 975 × 8 × 0.52 = 388 159.2(元)。

2. 降排水费用对比分析

(1)降水井数量方面,设计方案降水井分别布置在渠道两侧一级马道内 1 m 处,间距 18 m,井深 27.5 m;对比方案降水井仅布置在渠底,间距同为 18 m,井深 22.5 m。根据单价计算表,打井费用为 155.98 元/m,若不计其他费用(包括降水井封填等),则对比方案其打井费用为 11 × 22.5 × 155.98 = 38 605.05(元),设计方案为 11 × 2 × 27.5 × 155.98 = 94 367.9(元)。则每 180 m 单元长度范围内对比方案的降水井费用比设计方案节省投资。

(2)在抽水量方面,以最高水位 8.242 m 为例:设计方案单井抽水量 4.35 m³/h,降水井总数 22 口,则总抽水量 $Q_总$ = 4.35 × 22 = 95.7(m³/h);对比方案单井抽水量 5.41 m³/h,降水井共 11 口则总抽水量 $Q'_总$ = 5.41 × 11 = 59.51(m³/h)。总工期 975 日历天,每天按照 8 h 有效工作时间,根据抽水单价,则设计方案比对比方案抽水费用多投入为:Δ_M = 193 204.44 元。

(3)综合比较,由(1)和(2)可知,设计方案比对比方案投入的降水总费用多,即在经济上,对比方案优于设计方案。设计方案与对比方案降排水费用差见表 4-13。

4.4　小　结

选取典型工程,根据理论计算设计该工程软土基坑管井降排水方案,结合实际工程施工现状设置对比方案,对二者实施后的基坑进行渗流场分析,结果可知:两种降排水方案都能满足工程干地施工和施工期抽排水的要求,基坑渗流稳定;对二者进行经济性对比分析发现对比方案的降排水总费用更低,经济性更优。

表4-13　180 m渠道对比方案与实际方案降排水费用差

编号	降水方案	地下水位(m)	距离开挖面水位(m)	单井抽水量 q(m³/h) ①	180 m降水井总数 N ②	抽水单价 b(元/m³) ③	抽水持续时间 t(h) ④=合同工期(d)×每天有效抽水时间(8 h)	抽水总费用 M(元) ⑤=①×②×③×④	每米打井单价 P(元/m) ⑥	降水井深(m) ⑦	降水井总造价 K(元) ⑧=②×⑥×⑦
A	设计方案	94.912	-2.9	马道 4.35	22	0.52	975×8	388 159.2	155.98	27.5	94 367.9
				渠底 —	—	—					
B	对比方案	94.912	-2.9	马道 —	—	—	975×8	194 954.76	155.98	22.5	38 605.05
				渠底 5.41	11	0.42					

抽水费用差 ΔM = A⑤ - B⑤ = 193 204.44；　　降水井造价差 ΔK = A⑧ - B⑧ = 55 762.85；　　降水总费用差 ΔS = ΔM + ΔK = 248 967.29

注：费用差是指对比方案与设计方案的差额，即负值表示对比方案投入少，设计方案投入多；正值表示对比方案投入多，设计方案投入少 ΔS 元。因此 ΔS > 0时，表示对比方案比设计方案多投入 ΔS 元，反之 ΔS < 0时，设计方案比对比方案多投入 ΔS 元。

第 5 章 轻型井点降排水方案优化

井点降水是目前应用最广泛的降水方法,它是指在基坑基顶或基底周围埋设井点或管井,内部配置合适的潜水泵或其他类型的水泵进行地下水的抽排,形成一定的地下水降深漏斗,使基坑范围内的地下水位降至控制水位以下。

轻型井点降水系统主要由井点管、过滤器、沉淀管、连接管、集水点管、水泵房及抽水设备等组成,如图 5-1 所示,它是沿基坑四周将井点管埋入蓄水层内,利用水泵将地下水不断抽出,将地下水位降至设计水位以下。在集水管的铺设位置内侧,钻挖井孔至含水层或滞水层处,接着把带过滤器的 DN32 型井管插入井孔,然后在井管外围填充滤水砾料、灌砂并密封,开始抽水作业。

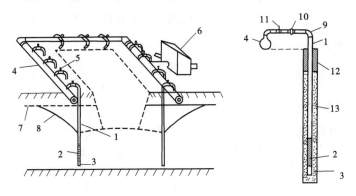

1—井点管;2—过滤管;3—沉淀管;4—集水总管;5—连接管;6—水泵房;
7—静水位;8—动水位;9—弯头;10—由任;11—阀门;12—黏土;13—砂砾

图 5-1 轻型井点结构示意图

轻型井点降水法分为一级轻型井点、二级轻型井点及多级轻型井点,是目前国内最受欢迎的降水方法之一。轻型井点降水技术以真空原理为基础,把土体中的地下水与空气混合成液体,利用真空泵将混合液体经管路抽进水气分离器中,然后把混合液体分离,使地下水和空气分别排出管路系统,最终达到降低地下水位的目的。轻型井点降水法的井点间距较小,凭借其真空压力能改变地下水的流向,有效阻止地下水流入基坑;同时可以最大限度地减少地下残留滞水,保证边坡和桩间土的稳定性。

轻型井点降水法要求地层渗透系数为 0.1~50 m/d,水位降深一般为 3~6 m;对小面积、低水位的基坑特别适用。在渗透系数偏小的土层中,则需采用砂砾滤料对井口进行密封处理,使管路系统连接部位气密性完好,同时使整个井点系统具有极好的真空度。相对于其他井点系统,轻型井点具有操作简单、技术安全性强和成本较低等优点,降水效果也较为突出。但对于施工面积狭窄的大、深基坑工程,其占地大、设备多、效率低的缺点也尤为明显,施工单位往往难接受此方法;特别是在降水量较大的工程中,较长的降水周期对电力和抽水设备有更高的要求。

5.1　工程概况

该工程为南水北调典型渠道工程,南水北调中线一期干线工程为Ⅰ等工程,输水建筑物为 1 级建筑物。本工程为输水工程的一部分,主要建筑物为 1 级,次要建筑物为 3 级。

5.1.1　水文气象

5.1.1.1　设计洪水

某工程标段左岸排水交叉断面设计洪峰流量见表 5-1。

表 5-1　某工程标左岸排水交叉断面设计洪峰流量

序号	河流	设计洪峰流量(m^3/s)					
		0.33%	1%	2%	5%	10%	20%
1	断面 1	45.9	40.7	35.3	28.4	22.9	17.5
2	断面 2	286	246	207	157	119	83.2
3	断面 3	577	496	415	313	239	166

5.1.1.2 泥沙

某工程标段内河流的历年最大月平均含沙量均值为 3.2 ~ 5.4 kg/m³。

5.1.1.3 气象

本标段内河流属北亚热带湿润地区,雨量较充沛。多年平均降水量 800 mm 左右,总体上由北向南递减。年降水量主要集中在 6 ~ 9 月,其多年平均降水量占年降水量的 64%,最大可达 87% 以上。6 ~ 9 月中又以 7 月、8 月两月为主,其多年平均降水量约占年降水量的 42%,最大可达 72%。

根据距离总干渠最近的气象站实测气象资料统计,多年平均气温 14.4 ℃,多年分月平均气温以 7 月 27 ℃ 为最高,1 月 0.5 ℃ 为最低;实测极端最高气温 41.3 ℃,出现在 1966 年 7 月 19 日;实测极端最低气温 –16.0 ℃,出现在 1969 年 1 月 31 日;全年最低气温低于 0 ℃ 的日数,多年平均为 83.3 d。

多年平均日照时数 2 059 h;多年平均相对湿度 71%;多年平均雾日数 21.3 d;霜日数 57.4 d,初霜最早日为 10 月 15 日,最晚霜止日出现在 4 月 12 日。全年盛行的风向为 NE,多年平均风速 3.1 m/s,实测最大风速 20.0 m/s,实测最大积雪深度 27.0 cm,多年平均地温(距地面 0 cm)16.6 ℃,最大月平均地表温度为 7 月 30.5 ℃,最小月平均地表温度为 1 月 1.3 ℃。多年平均 5 cm 深地温 15.8 ℃,20 cm 深地温 16.1 ℃,实测最大冻土深度 8.0 cm。

历年平均降雪日数为 13.9 d,初雪最早日 11 月 1 日,最晚降雪终止日为 4 月 20 日。

5.1.2 工程地质

5.1.2.1 地形地貌

本标段起始于方城垭口北部边缘黄金河左岸,沿伏牛山脉东南麓山前岗丘地带及山前倾斜平原,穿越伏牛山东部及大别山西北部的交汇部位的山前古坡洪积裙及淮河水系冲积平原后缘地带。渠段地貌形态以低矮的垄岗与河谷平原交替分布为特征,间夹基岩残丘。

5.1.2.2 地层岩性

本标段地表多为第四系覆盖,出露和揭露的地层有下第三系(E)、上第三系(N)和第四系(Q)。

下第三系(E),由一套紫红色砾岩、砂砾岩、砂岩、砾质粉砂岩、泥岩等组成。砾岩岩质坚硬,强度高。

上第三系(N),河湖相沉积,具多韵律构造,由黏土岩、砂质黏土岩、泥灰岩、砂岩、泥质砂砾岩、砂砾岩等互层或其中几种岩性组成,岩性、岩相变化大,厚薄不一。第四系中更新统(Q_2^{dl-pl}),以粉质黏土为主,多含砾卵石,也含钙质结核,局部富集成层。黏性土一般具弱—中等膨胀性。砾质土、粉土质砾:分布于岗地地表或粉质黏土之下,含较多砾卵石,砾卵石成分主要为石英砂岩、石英、杂岩,粒径一般 2~8 cm,最大达 20 cm 以上。

第四系上更新统(Q_3^{al}),上部为粉质黏土、粉质壤土、轻沙壤土,局部夹有机质土或含泥砾砂透镜体;下部由灰黄—褐黄色薄层含泥中细砂、砾砂或砾质土组成。粉质黏土局部富含有机质,一般具弱膨胀性。有机质黏土、有机质黏性土呈软—可塑状,主要分布在核桃园附近。砾质土、砾卵石砾径 3~8 cm,大者达 11 cm 以上,砾卵石含量达 30%~65%。

一些小河沟河床分布的有机质土,厚 1~5 m。第四系残坡积层(Q^{el-dl})岩性主要为浅黄色碎(砾)石土,一般厚 1~5 m。

5.1.2.3　地质构造与地震

本标段地震动峰值加速度为 <0.05g。地震特征周期为 0.35 s,地震基本烈度小于Ⅵ度。

5.1.2.4　水文地质条件

本标段第四系孔隙潜水主要分布于上更新统(Q_3)中砂、粗砂、砾砂含水层中,脱脚河两岸含水层厚 1~6 m,承压水头 3~6 m,平水期近河地带地下水无承压性。年水位变幅 1~3 m。

上第三系(N)层间含水层多为承压水,地下水主要储存于上第三系砂岩、砂砾岩层中,核桃园河钻孔在揭穿砂岩后,承压水冒出地表 5 m 左右(承压水位 134 m 左右)。

Q 粉质黏土,渗透系数 $K = i \times 10^{-9} \sim i \times 10^{-5}$ cm/s,粉质壤土渗透系数 $K = i \times 10^{-7} \sim i \times 10^{-4}$ cm/s,粗砂渗透系数 $K = i \times 10^{-2} \sim i \times 10^{-1}$ cm/s;砂砾卵渗透系数 $K = i \times 10^{-3} \sim i \times 10^{-2}$ cm/s。

渠段内上第三系黏土岩和砂质黏土岩为不透水层,砂岩渗透系数 $K = i \times 10^{-3} \sim i \times 10^{-1}$ cm/s,砂砾岩渗透系数 $K = i \times 10^{-4} \sim i \times 10^{-2}$ cm/s,下第三系砾岩、元古界片岩一般不透水。

渠段地表水、地下水,经判定对混凝土不具腐蚀性。饮用阴离子合成洗涤剂、氯化物、溶解性总固体、耗氧量、细菌学指标大多数超标。

5.1.2.5　渠线工程地质条件

1. Ⅰ 渠段

本渠段渠坡主要由 Q_2^{dl-pl} 粉质黏土、Q^{pr} 粉质黏土、N 层黏土岩、砂岩、砂砾岩、E 层砂岩、黏土岩、砂砾岩等组成,岩性地质结构较复杂。Q_2 粉质黏土,厚 3~7 m,呈灰褐、灰黄色,含石英质砾石,工程地质性质较好,具弱膨胀性,局部具中等膨胀性。Q^{pr} 砾质土,灰黄色,砾石以石英为主,石英砂岩次之,直径 1~3 cm,含量 5%~40%,局部过渡为砂砾石层。

N 黏土岩、砂岩、砂砾岩,呈棕黄色,分布于 Q_2^{dl-pl} 粉质黏土之下,力学强度较高。黏土岩具强膨胀性。E 砂质黏土岩、砂岩、砾岩,呈棕红、紫红色,分布于 Q_2^{dl-pl} 粉质黏土、Q^{pr} 砾质土之下,力学强度高。

地下水位高出渠底板局部达 9~10 m,赋存于下部砂岩、砂砾岩的孔隙裂隙中,水量较丰,施工需采取降排水措施。黏土岩易快速风化。

2. Ⅱ 段

渠道挖深 13.5~18.5 m,局部为深挖方段。渠坡上部由 Q_2^{dl-pl} 粉质黏土、黏土、砾质土,下部由 N 砂质黏土岩、砂岩、砂砾岩、泥灰岩等组成。

Q_2 粉质黏土、黏土,厚 3~13 m,呈灰黄、褐黄、棕黄色,呈硬塑状,含铁锰质结核,局部含钙质结核,裂隙较发育,裂隙面多充填灰白色黏土条带。

N 黏土岩、砂岩、砂砾岩,呈棕黄色,分布于 Q_2^{dl-pl} 粉质黏土、黏土之下,力学强度较高。砂岩、砂砾岩具中等透水性。地下水位高出渠底板局部达 10~12 m,赋存于下部 N 层的砂岩、砂砾岩的孔隙裂隙中,水量丰富,并具承压性,承压水头 2.5~9.2 m,施工基坑存在涌砂涌水现象。渠坡 Q_2 粉质黏土、黏土具中等膨胀性。

3. Ⅲ 渠段

上弱膨胀土为主、下软质碎屑岩渠段,渠道挖深 8.5~10.5 m,渠坡主部由 Q_3 粉质黏土组成,局部渠坡下部揭露 N 砂岩、泥灰岩。Q_3 粉质黏土,厚 10~11 m,部含少量砾石,局部含少量有机质,一般具弱膨胀性。N 泥质粉砂岩、砂岩,灰白色。砂岩、砂砾岩具中等—强透水性。地下水位高出渠底板 7~9 m,赋存于下部 N 砂岩、砂砾岩中,水量丰富,并具承压性,承压水头 10.6~10.8 m。渠底板以下黏性土厚 1.8~3.8 m,施工基坑存在基坑突涌或出现涌砂涌水现象。为上弱膨胀土为主、下软黏土渠段,渠道挖深 0~6.5 m,填高

3.5~13 m,渠坡主部由 Q_3 粉质黏土、粉质壤土、有机质黏土组成。Q_3 粉质黏土、粉质壤土厚3~11 m,呈褐黄、棕黄色,呈可塑—硬塑状,厚薄不均,含较多铁锰质结核,部含少量砾石,局部含少量有机质。有机质黏土,灰黑色、灰褐色,呈透镜体分布,厚薄不均,厚0~7 m,分布于粉质黏土、粉质壤土之下,呈可塑至软塑状。

地下水位分布于 N 砂岩、砂砾岩之中,具承压性,水头高出地面5~6 m,水量大,施工应采取降排水工程措施。桩号165+111~165+411段,渠坡下部或渠底揭露有机质黏土,对渠坡稳定不利。

5.2　降排水方案设计

5.2.1　施工布置

本阶段土方开挖层基本位于渠道地下水位高程以下,需布置降水深井进行抽排施工。由于渠道开挖面多呈带状布置,渠道两侧机械、人员较多,为避免抽排管线影响施工,渠道开挖时,必须保证300 m长的距离进行管井降水,管井布置在一级马道外侧坡脚处,开挖到一级马道后开始打井进行降水,每口井内配置潜水泵一台。

渠道拟以300 m为一降排水单元,各施工单元呈串列布置,互不干扰,且同时在一级马道开挖施工作业前至少半个月前进行。深水井排水管分为排水主管和排水支管,排水支管为 $\phi 75$ mm 的 PVC 管,汇集至 $\phi 250$ mm 排水主钢管内,排水主钢管与渠道周边天然排水河沟相连,最终将基坑以下的地下渗水和积水排出。井管布置如图5-2所示。

5.2.1.1　降水井深度

渠段潜水位140.82 m,最低开挖面高程127.6 m(齿槽底面),要求降水到最低开挖面以下0.5 m。

$$H_w = H_{w1} + H_{w2} + H_{w3} + H_{w4} + H_{w5} + H_{w6} + H_{w7} + H_{w8}$$

式中　H_w——降水井深度,m;

　　　H_{w1}——渠底水位深度,m,取12.22 m;

　　　H_{w2}——降水水位距离渠底要求的深度,m,取0.5 m;

　　　H_{w3}——$i \times y_0$,i 为水力坡度,在降水井分布范围内宜为0.1~0.15,取

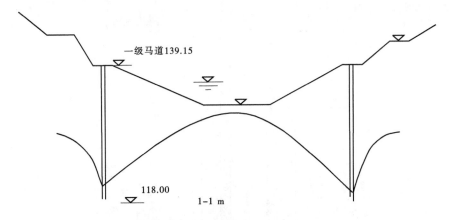

图 5-2 井管布置示意图 （单位:m）

0.1, y_0 为降水井至渠底中心距离,取 33.00 m,则 H_{w3} = 3.30 m;

H_{w4}——降水期间的地下水位变幅,m,根据汛期情况取 2~4 m,本地区取 3 m;

H_{w5}——降水井有效过滤器工作长度,m,取 6 m;

H_{w6}——沉砂管长度,m,取 2 m;

H_{w7}——水跃值,一般 2~3 m,取 2.0 m;

H_{w8}——井口至地下水原始稳定水位,取 -1.67 m。

经计算,渠道井深确定为 27.35 m。

5.2.1.2 降水井直径

本标段为保证施工降排水强度,提高降排水效率,同时考虑机械安装布置的方便性和可操作性,初步拟定降水井直径为 30 cm。

5.2.1.3 降水井结构

根据招标文件提供的地质水文资料,降水井采用真空降水井,在井内形成负压,加快地下水渗透速度。具体结构为:开孔直径 550 mm;混凝土无砂管节内径 200 mm,外径 300 mm;管外包裹 2~3 层纱滤网,过滤料为豆石,如图 5-3 所示。

5.2.2 基坑总排水量的确定

由于需要降水的范围较大,降水井均为潜水非完整井,因此,计算基坑总

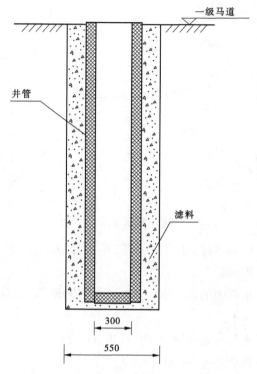

图 5-3　降水结构示意图　（单位：mm）

排水量时采用《建筑基坑支护技术规程》（JGJ 120—99）推荐的潜水非完整井流涌水量的计算公式，原公式存在错误之处，经过重新推导核实为

$$Q = 1.366K \frac{H^2 - h^2}{\lg(1 + \frac{R}{r_0}) + \frac{h_m - l}{l}\lg(1 + 0.2\frac{h_m}{r_0})} \tag{5-1}$$

式中　K——渗透系数，m/d；

Q——出水量，m³/d；

H——自然情况下潜水有效含水层的厚度，m，$H = -18.32\{S/(S + l)\}4 + 38.12\{S/(S + l)\}3 - 33.5\{S/(S + l)\}2 + 13.66S/(S + l) + 0.83$；

h——潜水含水层在抽水稳定时的厚度，m，$h = H - s$；

h_m——$(H + h)/2$；

l——过滤器的有效长度，m；

R——影响半径,m,利用经验公式 $R = 2s\sqrt{HK}$ 计算;

r_0——大井的引用半径,m,当基坑为矩形时,采用下式来计算引用半径 r_0。

$$r_0 = 0.29(a + b)$$

式中 a——基坑长度,m;

b——基坑宽度,m。

将上述各参数代入式(5-1),即可计算出基坑施工单元的总排水量,结果见表5-2。

表5-2 基坑总排水量计算成果

有效含水层厚	渗透系数	基坑水位降深	滤水管长度	基坑长度	坑宽度	长300 m涌水量
H (m)	K (m/d)	S (m)	l (m)	a (m)	b (m)	Q (m³/h)
45	4.1	12.22	6	300	76	297.7

5.2.3 单井出水量的确定

根据《建筑基坑支护技术规程》(JGJ 120—99)推荐的单井出水量的计算公式为

$$q = 120\pi rL(\sqrt[3]{K}) \tag{5-2}$$

式中 L——有效过滤器长度,m;

r——过滤器内径半径,m;

K——各岩性渗透系数建议值(有效含水层厚度内加权平均值),m/d。

将各参数代入上述公式,即可计算各施工单元单井出水量,见表5-3,在降水井过滤管采用无砂混泥土滤水管、施工时采用泥浆护壁钻进及干扰井抽水情况下通常单井出水量是理论出水量的 $1/4 \sim 1/2$,取 $p = 0.25$。

表 5-3   基坑施工降水单井出水量计算成果

过滤器内半径	过滤器长度	基坑水位降深	渗透系数	效率因子	单井出水量
r	L	S	K	p	$q_{井}$
(m)	(m)	(m)	(m/d)		(m³/h)
0.15	9	12.22	4.1	0.25	5.65

施工单元降水井单井出水量确定潜水泵型号如表 5-4 所示。

表 5-4   降水井潜水泵型号及参数

序号	水泵型号	水泵功率 (kW)	扬程 (m)	功率因子	额定出水量 (m³/h)	实际出水量 (m³/h)
3	150QJ10 – 50/7	3	50	0.6	10	6.0

5.2.4   确定降水井数量

当确定了各施工单元基坑涌水量、各施工单元单井实际出水量及潜水泵型号则基坑总井数 n 为:$n = Q/q_{泵}$,详见表 5-5。

表 5-5   基坑施工单元降水单井数量成果

施工单元总涌水量	水泵出水量	基坑总井数	拟选水泵型号
Q	$q_{泵}$	n	
(m³/h)	(m³/h)	(眼)	
297.7	6	50	150QJ10 – 50/7

由于计算结果井间距较小,故在上述设计方案上,考虑工程实际的降水井布置情况,即采取了在一级马道布置降水井和渠底同时布置降水井和井点的方案,该方案在平面上采用对称布置,马道井间距 30 m、井深 27.5 m,渠底井

间距 15 m、井深 20 m,降水井直径 0.3 m。

5.3　降排水方案优化

5.3.1　计算域与计算模型

对渠道渗流场的模拟采用 8 节点 6 面体等参单元,计算域选取思路基于下述假定:

(1)潜水位相同,各降水井的尺寸和深度以及降排水效果保持一致。

(2)基坑已经形成,不考虑开挖过程的降排水。

(3)渠道未设置排水措施,且未衬砌。

基于上述假定和设计降水井布置方案,并设置对比方案,剖分 2 套计算网格。

(1)设计对比方案,考虑工程实际的降水井布置情况,即采取了在一级马道布置降水井和渠底同时布置降水井,并增加井点的方案,为验证该方案的可行性和合理性,需要进行验算。该方案在平面上采用对称布置,马道井间距 30 m、井深 27.5 m,渠底井间距 15 m、井深 20 m,降水井直径 0.6 m,井点间距 1 m、深 5 m。由于实际降水方案的设置非常复杂,网格剖分难度和前处理工作量极大,因此考虑到左右岸和降水井、井点布设的对称性,优化模型计算域如图 5-4 所示,并结合图 5-1 进行网格剖分,剖分后网格如图 5-5 所示,其中节点 36 455 个,单元 32 536 个。

(2)作为设计方案,即在(1)的实际网格中不考虑井点降水的情形。除井点外,该网格与实际方案基本相同,剖分后节点 30 375 个,单元 27 160 个。

网格剖分时,充分考虑实际地质条件(以招标投标阶段提供的地层分布为准),渠道断面形式(包括一级马道)以及降水井布置。这里需要指出的是,为了减少网格剖分工作量,建模时考虑渠底约 1 m 深齿槽影响(模型直接以齿槽底部平面为底面),此时计算所采用的地下水位按齿槽为最低开挖面,因此分析时只需考虑渠底地下水位降至底部以下 0.5 m 以上。模型坐标原点选取以 x 轴表示左右岸方向,y 轴表示沿渠道水流方向,z 轴表示高度方向,坐标原点位于渠底偏一侧中间(如图 5-5 和图 5-6 所示)。

网格密度上除降水井周围采取加密网格处理外,其余按正常网格尺寸,降

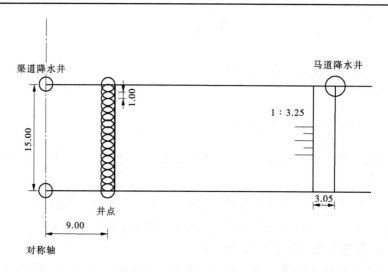

图 5-4　模型计算域　（单位:m）

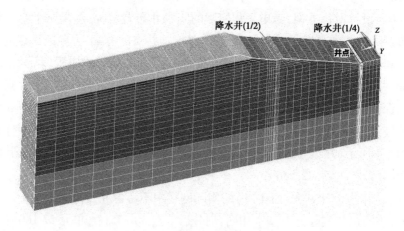

图 5-5　实际方案计算网格模型

水井网格如图 5-5 所示。左右岸长度取渠道两侧一级马道的降水井排距的 2
倍;为了控制网格数量和减小剖分难度,从工程保证安全角度考虑,将基底剖
分至最低开挖面,其余结构尺寸如图 5-6 所示。图中各颜色表示地层分布,取
高程平均值,从上到下分别为 Q_2 粉质黏土、粉质黏土和砂岩(渗透系数见
表 5-6)。

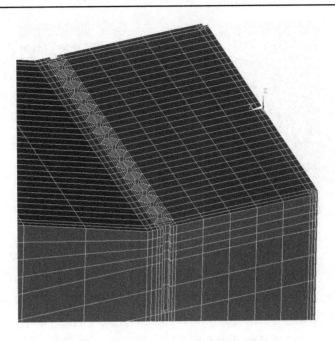

图 5-6　渠底降水井和井点网格(局部放大)

5.3.2　典型截面选取和参数

为便于进行计算结果分析,针对两种降水井布置方案,分别选取典型截面,其中 C—C 为模型中截面,即 $y = 0$ m;D—D 为模型 $y = -7.5$ m 截面;E—E 为模型 $y = 7.5$ m 截面。

表 5-6　各土层渗透系数计算取值

方案		Q$_2$ 粉质黏土(cm/s)	粉质黏土(cm/s)	N 砂岩(cm/s)
招标方案		5.35×10^{-5}	5.35×10^{-5}	3.73×10^{-6}
实际方案	大值	—	—	1.27×10^{-1}
	小值	—	—	8.62×10^{-3}
	计算取值	5.35×10^{-5}	5.35×10^{-5}	6.781×10^{-2}

计算域四周截取边界条件分别假定为:计算域的上游截取边界,下游截取

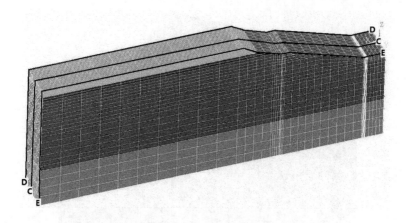

图 5-7　典型截面

边界,即渠道两侧(y向)以及底边界均视为隔水边界面;渠道左右岸(x向)和降水井内考虑为已知水头边界;边坡、一级马道以及渠底考虑为可溢出边界。

计算参数设定的依据详见第 3 章,据此设定最不利地下水位(距离渠底)13.22 m,各土层渗透系数见表 5-6。

5.3.3　方案可行性论证

5.3.3.1　对比方案可行性

水位和地层分布同前。计算工况见表 5-2,渗透系数取值见表 5-6,其中工况 q_{d1} 和 q_{d2} 主要区别在于渠底是否有轻型井点降水。补充水文地质条件下对比方案工况设定见表 5-7。

表 5-7　补充水文地质条件下对比方案工况设定

工况	一级马道降水井间距(m)	渠底降排水		地下水位(m)	
		降水井(m)	轻型井点(m)	距离开挖面	高程
q_{d1}	30	15	—	13.22	140.82
q_{d2}		15	1	13.22	140.82

由于补充地质条件下所描述的关键地层 N 砂岩的渗透系数比招标地质条件下大 3～4 个数量级,使得土层渗透能力大幅增大,降排水难度加大,原投

标方案难以满足要求。为了论证对比方案(在投标方案一级马道降水井布设的基础上增加渠底降水井和井点降水)的合理性,便于优选。

由于对比方案采用了多种降排水措施组合,渠道降水过程极其复杂,且由于渗透系数很大,单纯的求解最大降水能力会导致抽水量很大而缺乏实际意义。本节拟采用反演分析(见 4.4 节),设定条件如下:

(1)限定单井抽水量。由对比方案可知,渠底管井内配备 2 寸潜水泵,型号 175QJ20 – 30,额定流量 20 m³/h,扬程 30 m;渠底井点间距 1 m,每 20 m 为一组,水抽排至集水坑,集水坑配备 QS40 – 60/10 – 7.5 排水,额定流量 40 m³/h,因每 20 m 左右渠底两侧共布置约 40 眼井点,设定单个井点流量约 1.0 m³/h;一级马道降水井选用 150QJ10 – 50/7 型潜水泵,扬程 50 m,相应流量 10 m³/h,功率 3 kW。为此,在对比方案中,为了便于寻优辨识和考虑计算误差的影响,设定流量限值见表 5-8,即当计算各单个降水井/井点的流量值同时满足表 5-8 限值时,寻优完成。

表 5-8　实际方案单个降水井/井点流量限值

序号	降水信息	间距 (m)	流量(m³/h)		说明
			上限	下限	
1	一级马道降水井	30	10	9.0	
2	渠底降水井	15	20	19.0	
3	渠底井点	1	1	0.95	单个井点平均限定流量

(2)设定判定条件。当满足(1)时,对比方案是否可行取决于渠底地下水位,即判断开挖面(齿槽底部)以下最高地下水位距离开挖面(齿槽底部)是否达到或超过 0.5 m。

(3)寻优迭代次数设定。由于一级马道降水井、渠底降水井以及渠底井点降水的抽水量相互影响,以上设定可能存在多个最优解,因此本次设定寻优次数 $l = 100$ 次,当完成 100 次的寻优次数后,结束程序,并输出所有满足(1)和(2)的解,然后选择最优解。

(4)当寻优完成后,没有产生最优解,则认为该方案无法同时满足抽水量的限值要求,方案不可行。

经过反演计算,形成成果如图 5-8 ~ 图 5-10 和表 5-9 所示。其中,表 5-9 为实际方案在补充水文地质条件下,渠底地下水位和单井抽水量成果统计表;图 5-8 ~ 图 5-10 为地下水位 13.22 m 时,典型截面的水头等值线图。

表 5-9　补充地质条件下仿真计算结果

工况	潜水位(m)		渠底水位(m)		单井最大抽水量			潜水泵型号
	距离开挖面	高程	距离开挖面	高程	位置	m³/h	m³/d	
q_{d1}	13.22	140.82	0.64	126.96	马道	52.90	1 269.6	175QJ20 – 30
					渠底	17.41	417.84	150QJ10 – 50/7
q_{d2}	13.22	140.82	0.67	126.93	马道	9.39	225.36	175QJ20 – 30
					渠底	19.71	473.04	150QJ10 – 50/7
					井点	0.97	23.28	

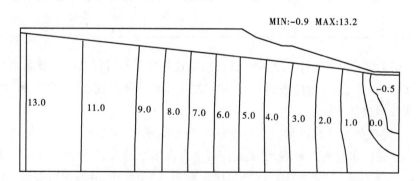

MIN:-0.9 MAX:13.2

图 5-8　工况 q_{d2} 地下水位 13.22 m 时实际方案

C—C 截面水头等值线　(单位:m)

由反演结果可知,地下水位 13.22 m 时,开挖面最高地下水位为 – 0.67

m,满足干地施工的要求,相应的单井抽水量分别为 9.39 m³/h(一级马道)、19.71 m³/h(渠底)和 0.97 m³/h(井点)。满足限值要求,且渠底最高地下水位超过 0.5 m,满足要求,该实际方案可行。

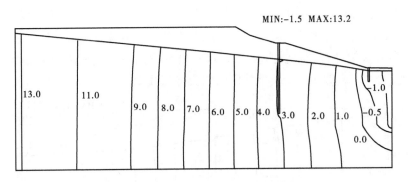

图 5-9　工况 q_{d2} 地下水位 13.22 m 时实际方案

D—D 截面水头等值线　（单位:m）

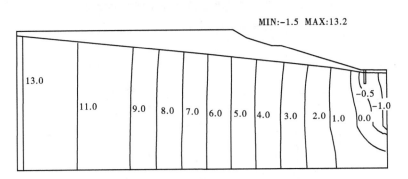

图 5-10　工况 q_{d2} 地下水位 13.22 m 时实际方案

E—E 截面水头等值线　（单位:m）

5.3.3.2　设计方案可行性

考虑到设计方案同样有两种不同的降排水组合,拟采用反演的方法。为了便于说明和比较,以对比方案的渠底最高地下水位 – 0.67 m 为限值。为了减少寻优次数,设定渠底以下的最高地下水位计算值 s 绝对误差在一定范围即认为满足要求,本次设定目标函数 $F(s) = |s - 0.67| < \varepsilon_0$,$\varepsilon_0$ 为给定一个正小值,本次取 $\varepsilon_0 = 0.05$ m;设定最大寻优次数 $l_{\max} = 100$ 次。为了获得唯一解,反演时设定一级马道降水井和渠底降水井水位寻优过程中保持一致。

经过反演计算,形成成果如图 5-11 ~ 图 5-13 所示。其中,图 5-11 ~ 图 5-13 为地下水位 13.22 m 时,典型截面的水头等值线图。

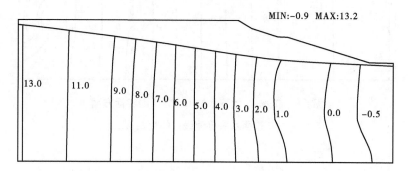

图 5-11　工况 q_{d1} 地下水位 13.22 m 时实际对比方案

C—C 截面水头等值线　（单位:m）

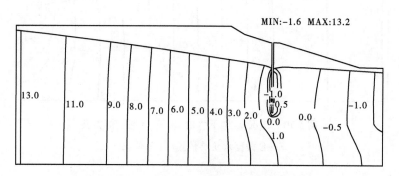

图 5-12　工况 q_{d1} 地下水位 13.22 m 时实际对比

方案 D—D 截面水头等值线　（单位:m）

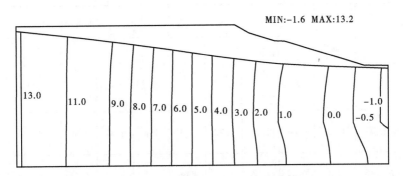

图 5-13　工况 q_{d1} 地下水位 13.22 m 时实际对比

方案 E—E 截面水头等值线　（单位:m）

由反演结果可知,地下水位 13.22 m 时,开挖面最高地下水位为 - 0.64 m,满足限值要求,相应的单井抽水量分别为 52.90 m^3/h(一级马道)、17.41 m^3/h(渠底),由此可知,渠底的单井抽水量满足 150QJ10 - 50/7 潜水泵的抽水能力,但是,一级马道的抽水量达到 52.90 m^3/h,所选泵型均不能实现抽水量需求,因此从泵型上来看,设计方案是不可行的。

5.3.4　经济性比较

单从降水井布置而言,设计方案和对比方案均能满足渠道干地施工的要求。本节对其经济性进行比较与分析,方法为:当对比方案和设计方案达到相同的降水效果时,即渠底最不利的地下水位一致时,综合分析比较渠道总抽水费用和降水井开挖与管理费用,最终确定经济最优方案。

5.3.4.1　抽水单价及抽水量分析

本渠段对比方案渠底降水井共 152 眼,井点为约 125 × 40 眼,马道降水井为 152 眼;设计方案为渠底降水井共 152 眼,马道降水井为 152 眼。渠底管井内下 2 寸潜水泵(型号:175QJ20 - 30),降水井深 20 m;井点(每 20 m 为一组,电机 7.5 kW,井管长 8 m)排水;马道降水井深 25 m,降水选用 150QJ10 - 50/7 型潜水泵,其扬程 50 m,相应流量 10 m^3/h,功率 3 kW。对比方案较设计方案增加的主要设备项目为轻型井点 250 组。

根据《水利工程施工机械台时费定额》(水总〔2002〕116 号文)采用内插法计算出水泵台时费用,见表 5-10。

表 5-10　水泵台时费用

名称及规格	台时费（元）	一类费用(元)				二类费用(元)				
		折旧费	修理及替换设备费	安装拆卸费	小计	人工（数量）	人工（单价）	电（数量）	电（单价）	小计
3 kW 水泵	11.2	0.44	2.14	0.72	3.3	1.3	4.37	2.58	0.86	7.9
7.5 kW 水泵	15.87	0.64	2.96	1.06	4.66	1.3	4.37	6.43	0.86	11.21

　　则根据水泵台时,并依据计算出水量可计算出抽水单价,见表 5-11 和表 5-12(这里井点抽水费用参考具有同功率水泵的马道抽水费用)。

表 5-11　对比方案抽水单价分析

序号	水泵功率	流量	水泵台时费	计算公式	抽水单价	说明
1	3 kW	27.87	11.2	水价 = 水泵台时/（水泵流量 × 能量利用系数）	0.50	实施阶段水泵功率（马道）
2	3 kW	33.75	11.2		0.41	实施阶段水泵功率（渠底）
3	7.5 kW	38.8	15.87		0.31	实施阶段水泵功率（井点）

表 5-12　设计方案抽水单价分析

序号	水泵功率	流量	水泵台时	计算公式	抽水单价	说明
1	7.5 kW	63	15.87	水价 = 水泵台时/（水泵流量 × 能量利用系数）	0.31	对比方案水泵功率（马道）
2	3 kW	33.75	11.2		0.41	对比方案水泵功率（渠底）

根据仿真计算结果，总工期 915 日历天，每天按照 8 h 有效工作时间。则对比方案中，一级马道单井抽水量 9.39 m³/h，降水井共 152 眼，渠底单井抽水量 19.71 m³/h，降水井共 152 眼，渠底井点 125 组，单组抽水量 38.8 m³/h，则马道抽水量为 9.39 × 915 × 8 × 152 = 10 447 689.6（m³）；渠底抽水总量 19.71 × 915 × 8 × 152 = 21 930 134.4（m³）；井点抽水总量 38.8 × 915 × 8 × 250/2 = 35 502 000 m³。设计方案中，渠底单井抽水量 17.41 m³/h，降水井总数 152 眼，马道单井抽水量 52.90 m³/h，降水井总数 152 眼，则马道总抽水量为 52.9 × 915 × 8 × 152 = 58 858 656（m³）；渠底抽水总量 17.41 × 915 × 8 × 152 = 19 371 062.4（m³）。

5.3.4.2　降排水费用对比分析

（1）在降水井数量方面，对比方案降水井和设计方案个数、间距相同，对比方案较设计方案多 125 组井点。根据河南省《建筑工程预算定额》2006 年版，10 根井点安装和拆除费用为 147 元，则对比方案比设计方案投入费用少（实际方案比实际对比方案多投入费用）$\Delta K = 147 × 125 × 40 = 735\ 000$（元）。

（2）在抽水量方面，总工期 915 日历天，每天按照 8 h 有效工作时间，根据抽水单价，则设计方案比对比方案抽水费用多投入为：$\Delta M = 967\ 499$ 元。

（3）综合比较，由（1）和（2）可知，设计方案比对比方案多投入的降水总费用为：$\Delta S = \Delta M + \Delta K = 232\ 499$ 元 > 0，即在经济上，对比方案优于设计方案。设计方案与对比方案降排水费用差见表 5-13。

表 5-13　设计方案与对比方案降排水费用差

编号	降水方案	地下水位（m）	距离开挖面水位（m）		单井抽水量 q（m³/h）①	降水井总数 N ②	抽水单价 b（元/m³）③	抽水持续时间 t（h）④：合同工期（d）×平均每天有效抽水时间 8（h）	抽水总费用 M（元）⑤=①×②×③×④	单根井点单价 P（元）⑥	降水井总造价 K（元）⑦=②×⑥
A	设计方案	13.22	-0.67	马道	52.90	152	0.31	915×8	26 188 319	—	—
				渠底	17.41	152	0.41				
B	对比方案	13.22	-0.64	马道	9.39	152	0.50	915×8	25 220 820	147/10	735 000
				渠底	19.71	152	0.41				
				井点	38.8	125×40	0.31				

抽水费用差　$\Delta M = A⑤ - B⑤ = 967\ 499$ 元

降水井造价差　$\Delta K = A⑦ - B⑦ = -735\ 000$ 元

降水总费用差　$\Delta S = \Delta M + \Delta K = 232\ 499$ 元

注：费用差是指对比方案与设计方案的差额，即负值表示对比方案投入多，设计方案投入少；正值表示对比方案投入少，设计方案投入多。因此 $\Delta S >0$ 时，表示对比方案比设计方案多投入 ΔS 元，反之 $\Delta S <0$ 时，设计方案比对比方案多投入 ΔS 元。

5.4　小　结

选取典型工程,根据理论计算设计该工程软土基坑管井降排水方案,结合实际工程施工现状设置轻型井点对比方案,对二者实施后的基坑进行渗流场分析,结果可知:两种降排水方案都能满足工程干地施工和施工期抽排水的要求,基坑渗流稳定;对二者进行经济性对比分析发现,对比方案的降排水总费用更低,经济性更优。

第6章　结　论

随着我国经济的快速发展,城市化进程也逐步加快,带来城市交通拥堵等一系列问题。为解决这些城市化带来的地面问题,城市地下空间发展就应运而生。城市地下工程的施工需要开挖基坑,城市基坑一般为地层相对软弱复杂的软土地基,在其地下工程或开挖工程中会伴随着较为严重的变形等问题,在地下水位较高的地段容易发生流砂、管涌现象,故为保障工程安全、高效的实施,必须实现干地施工的目的,需要对基坑进行必要的支护和基坑降排水。本书针对软土地基工程中的降排水设计问题,分析了现有降排水方法及其适用性,介绍了典型降排水方法施工工艺,论述了基坑经常性排水方案设计方法,并采用数值模拟法进行降排水方案优化,主要研究内容和结论如下:

(1)针对目前软土地基地下水破坏现状分析了人工降低地下水的方法和明排方法,并对二者的适用性进行了分析,对典型的人工降低地下水方法——管井降水法和轻型井点降水法的施工工艺进行了详细的论述,为工程设计提供理论依据。

(2)结合相关规范、文献和技术规程,采用理论分析的方法对软土地基降排水措施进行分析,详细介绍了基坑降排水设计过程、含基坑排水量计算、基坑排水设备选择、排水布置、排水费用等,并采用案例确定了人工降低地下水方案中深井降水的方式,计算出降水井井深、降水井平均间距等。

(3)数值模拟是基坑降排水设计的一种重要手段,在他人研究的基础上基于达西定律阐述了基坑渗流场计算理论,提出采用有限元计算的方法对渗流微分方程进行求解,将节点虚流量法引入到基坑渗流场计算,采用实际工程案例验证了有限元设计的合理性。

(4)选取典型工程进行管井排水设计,并对管井降排水方案进行有限元分析,研究了浸润线和管井出水量规律,并设计对比方案进行优化设计。

（5）选取典型工程进行轻型井点排水设计，并对井点降排水方案进行有限元分析，研究了浸润线和管井出水量规律，并设计对比方案进行优化设计。

参 考 文 献

[1] 范海亮,陈富.江西信江航电枢纽工程围堰防渗及降排水研究[J].中国港湾建设, 2020,40(6):42-46.

[2] G J Crutchley,D Klaeschen,S A Henrys,et al. Subducted sediments, upper-plate deformation and dewatering at New Zealand's southern Hikurangi subduction margin[J]. Elsevier B. V. ,2020,530.

[3] Influence of the geotextile blanket and sludge height in anaerobic sludge dewatering using drainage bed[J]. Engenharia Sanitaria e Ambiental,2019,24(4).

[4] 山继红,李宗宗,赵文剑,等.砂卵砾石层深基坑降排水技术的研究[J].四川水力发电,2019,38(6):81-83.

[5] 夏倩倩.基坑降排水和支护设计[J].河南水利与南水北调,2019,48(9):68-70.

[6] 朱建翔.建筑工程施工深基坑综合降排水技术核心探索[J].城市建筑,2019,16(21): 156-157.

[7] 刘兴安.降排水技术在干施工海港深大基坑中的应用[J].施工技术,2019,48(10): 100-103.

[8] 陈江.水利工程施工降排水方法的初探[J].科技视界,2019(14):159-160.

[9] 王健伟.降水井与仰斜排水管联合排水措施在危险边坡治理中的应用研究[D].北京:中国铁道科学研究院,2019.

[10] 席锋仪,于海成,席婧仪,等.围海造地软弱地基处理技术研究与应用[J].施工技术,2019,48(7):1-5.

[11] 张森.基于大埋深建筑的排水施工工艺研究[J].建材与装饰,2018(49):38-39.

[12] Kamil Juśko,Jacek Motyka,Kajetan d'Obyrn,et al. Construction of a numerical groundwater flow model in areas of intense mine drainage, as exemplified by the Olkusz Zinc and Lead Ore Mining Area in southwest Poland[J]. Sciendo,2018,24(3).

[13] 赵泽俊.大直径超深沉淀池内明降排水施工技术[J].建筑施工,2018,40(6): 865-867.

[14] James Diak,Banu Örmeci. Stabilisation and dewatering of primary sludge using ferrate (VI) pre-treatment followed by freeze-thaw in simulated drainage beds[J]. Elsevier Ltd, 2018,216.

[15] 黄文钧.水工建筑物施工现场降排水措施分析[J].建材与装饰,2018(9):296-297.

[16] 牛之雷.杨桥船闸深基坑土方开挖及降排水施工[J].工程建设与设计,2018(2):77-78.

[17] 李亚飞.复杂地质地铁车站超深基坑降排水施工技术[J].石家庄铁道大学学报(自然科学版),2017(S1):148-150.

[18] 李军.水利水电工程施工降排水费用计算初探[J].黑龙江水利科技,2017,45(8):159-161.

[19] Jianming Ling,Bingye Han,Yan Xie,et al. Laboratory and Field Study of Electroosmosis Dewatering for Pavement Subgrade Soil[J]. American Society of Civil Engineers,2017.

[20] 王庆江.降排地下水对环境影响的机理分析[J].地下水,2017,39(2):51-52.

[21] 李珏,金吾根,薛馨.Trefftz 间接法解自由面渗流问题[J].计算力学学报,2005,22(3):295-298.

[22] 薛馨,金吾根,李珏,等.Trefftz 直接法解渗流自由面问题[J].岩石力学与工程学报,2005,24(13):2322-2326.

[23] 舒仲英,邓建霞,李龙国.加密高斯点单元传导矩阵调整法在有自由面渗流分析中的应用[J].四川大学学报(工程科学版),2007,39(1):48-52.

[24] 韩炜洁,梅甫良,侯密山.状态方程法在渗流-应力耦合场求解中的应用[J].岩土力学,2008,29(1):203-206.

[25] 崔皓东,朱岳明.二滩高拱坝坝基渗流场的反演分析[J].岩土力学,2009,30(10):3194-3199.

[26] 吴长春.有限单元法在土石坝渗流安全评价中的应用[J].南阳理工学院学报,2010,(2):47-49.

[27] 沈振中.基于变分不等式理论的渗流计算模型研究[D].南京:河海大学,1993.

[28] 彭华,陈胜宏.饱和-非饱和岩土非稳定渗流有限元分析研究[J].水动力学研究与进展,2002,17(2):253-259

[29] 吴梦喜,高莲士.饱和-非饱和土体非稳定渗流数值分析[J].水利学报,1999:38-42.

[30] 张家发.三维饱和非饱和稳定非稳定渗流场的有限元模拟[J].长江科学院院报,1997,14(3):35-38.

[31] 吴宏伟,陈守义,庞宇威.雨水入渗对非饱和土坡稳定性影响的参数研究[J].岩土力学,1999,20(1):1-14.

[32] 朱伟,山村和也.降雨时土堤内的饱和-非饱和渗流及其解析[A].中国土木工程学

会第八届土力学及岩土工程学术会议论文集[C]. 北京:万国学术出版社,1999.

[33] 朱岳明,龚道勇. 三维饱和－非饱和渗流场求解及其逸出面边界条件处理[J]. 水科学进展,2003,14(1):67-71.

[34] C Baiocchi, V Comincioli, E Magenes, et al. Free Boundary Problems in Fluid Flow through Porous Media: Existence and Uniqueness theorems[J]. Ann. Mat. Pura Appl., 1973, 97: 1-82.

[35] C Baiocchi, F Brezzi, V Comincioli. Free Boundary Problem in Fluid flow through Porous Media[J]. ICAD, 2nd Int. Symp. on Finite element Methods in flow Problems, Italy, 1976: 14-18.

[36] 马光怡. 振兴灌区泵站基坑井点降水技术的探究与分析[D]. 哈尔滨:黑龙江大学,2018.

[37] 曹保山. 富水互层土地质条件下船闸基坑降水开挖支护技术研究[D]. 重庆:重庆交通大学,2018.

[38] 贡立宇. 深基坑流砂质地层轻型井点降水技术研究[D]. 淮南:安徽理工大学,2017.

[39] 王伦. 纳子峡水库渗流分析及排水方案优化研究[D]. 西安:西安理工大学,2016.